经管文库·管理类

前沿·学术·经典

满族传统服饰图案的
艺术特征与文化内涵

The artistic features and cultural connotations of
traditional Manchu ethnic costumes patterns

张　爽　薛柏成 著

经济管理出版社

ECONOMY & MANAGEMENT PUBLISHING HOUSE

图书在版编目（CIP）数据

满族传统服饰图案的艺术特征与文化内涵 / 张爽，薛柏成著. -- 北京 : 经济管理出版社，2025. 4.

ISBN 978-7-5243-0270-4

Ⅰ. TS941.742.821

中国国家版本馆 CIP 数据核字第 2025U0X479 号

组稿编辑：杨国强

责任编辑：白 毅

责任印制：许 艳

责任校对：陈 颖

出版发行：经济管理出版社

（北京市海淀区北蜂窝 8 号中雅大厦 A 座 11 层 100038）

网 址：	www. E-mp. com. cn
电 话：	（010）51915602
印 刷：	唐山昊达印刷有限公司
经 销：	新华书店
开 本：	720mm×1000mm/16
印 张：	12.75
字 数：	215 千字
版 次：	2025 年 4 月第 1 版 2025 年 4 月第 1 次印刷
书 号：	ISBN 978-7-5243-0270-4
定 价：	98.00 元

序 言

　　本书从满族的来源与发展谈起，系统地梳理了满族服饰的历史脉络，进而详细解析了满族传统服饰的种类、特点及其配饰文化，最终聚焦于满族服饰图案的艺术特征与文化内涵，为读者呈现了一幅丰富多彩的满族服饰文化画卷。

　　首先，本书追溯了满族的来源与发展，从满族的古老起源到其在历史长河中的不断壮大与变迁，为读者提供了了解满族服饰文化背景的基石。通过这一部分的阐述，读者可以清晰地看到满族服饰文化如何在其民族发展历程中逐渐形成并丰富起来。

　　其次，本书详细介绍了满族传统服饰的种类与特点，从"三剑客"——旗袍、马褂、坎肩，到清代官服的"三套装"——蟒袍、外褂、补服，再到民国及之后的满族服饰，一一进行了详尽的描述与分析。

　　最后，本书关注了满族宫廷与民间配饰的多样性，从头饰、项饰、胸腰饰到足饰，从宫廷的奢华到民间的质朴，展现了满族服饰文化的丰富多彩。

　　在满族服饰图案方面，本书从满族先祖的服饰图案入手，探讨了动物与花卉在满族服饰中的象征意义与审美价值，分析了清代服饰图案的特点与变化，以及民国及之后满族服饰图案的传承与创新。通过对这些图案的深入剖析，读者可以更加直观地感受到满族服饰图案的艺术魅力与文化底蕴。同时，本书总结了满族传统服饰图案的艺术特征与文化内涵。满族服饰图案不仅将实用与审美相结合，而且彰显了独特的民族特征符号象征意义。在多元一体的文化背景下，满族服饰图案体现了文化自觉与融合的精髓。本书为读者提供了了解满族服饰文化的窗口，也为研究满族服饰文化的学者提供了参考资料。

　　本书由吉林师范大学张爽、薛柏成共同撰写。其中，张爽撰写 15 万字，薛柏成撰写 6.5 万字。

目　录

第一章　满族传统服饰

满族是一个扎根于我国北方的古老民族，这一族群主要的生活方式为捕鱼与捕猎，在持续不断的发展中孕育出了丰富的物质文明，最终形成了具有特色的服饰文化。满族服饰不但符合其生活区域气候条件与生活条件，而且有机结合了其民族的社会地位、宗教信仰、审美观念以及民族历史，具有丰富的审美价值与历史文化内涵。

满族传统服饰出现在女真人时期。在该时期，女真人生活环境中存在数量众多的野生动物与繁盛的原始森林，再加上东北地区存在寒冷且漫长的冬季，这在很大程度上影响了他们的服饰。早期的女真人主要是利用兽皮制作服饰，除考虑到兽皮在保暖方面表现较好外，还考虑到了狩猎生活的便利性。女真人将熊皮、鹿皮等制作成衣物，兼顾了保暖性与实用性，体现了人与自然和谐共生的智慧。

在时间逐渐推移的过程中，女真社会不断发展，开始越来越重视与其他民族的交流。在此过程中，女真人将很多其他民族的元素融入服饰中，如中原地区的刺绣、丝绸等工艺，逐渐衍生出既具有本民族特色又存在外来风格的服饰文化。在此过程中，女真服饰的样式、种类开始向多样化方向发展，为后来满族服饰文化诞生提供了有力保障。

进入 17 世纪后，满族势力开始快速发展，"满族"正式步入历史舞台。在努尔哈赤和皇太极的带领下，满族不但组建了强有力的政权，其服饰制度也越来越完善，不仅总结与提炼了满族服饰文化，还在提高民族认同方面发挥了重要作用。

据《清史稿·舆服志》记载，在崇德年间清朝开始初步出现冠服制度，并在乾隆时期发展得较为完善。该制度详细指出了皇室成员、官员以及平民服饰的配饰、颜色、材质以及样式等，展现了等级森严的制度与身份象征。皇室成员穿着最为奢华的配饰，使用的材料也非常考究，而且会配备十分繁复的装饰，如凤冠、龙袍等，不但展现了皇权的权威，而且体现出了满族服饰的审美追求与精湛工艺。官员服饰会因为品级不同而存在差异，这些差异体现在配饰、颜色以及图案等方面，如武官和文官的官服上会分别补缀猛兽图案与禽鸟图案，在展现官员身份地位的同时，也象征着各自的品德与职责。相对来说，平民只穿着较为朴素的服饰，依旧具有满族服饰立领盘扣、紧身窄袖的特征，体现了满族骑射生活的特征。

皇太极作为满族的杰出领袖，其非常重视服饰制度的发展，认识到服饰不但是身份的象征，而且是治国之道的重要内容。在皇太极的治理下，满族服饰始终保持着紧身窄袖的特点，与宽大的汉族服饰存在明显差异。他认为，宽大的汉族服饰在进行骑射时会受到限制，而紧身的满族服饰可以为骑射生活提供便利，展现出满族人矫健、勇敢的精神风貌。

皇太极还多次强调保持满族服饰特色的重要意义，避免出现武功退化的情况，其认为服饰不但属于外在装饰，而且是展现内在精神的重要载体。满族服饰的立领盘扣、紧身窄袖等设计，不仅能够满足骑射需求，还能呈现满族人民勇往直前与坚韧不拔的精神。这种精神风貌，正是满族能够在历史上不断崛起，最终建立清朝的重要原因之一。

满族服饰的价值除体现在实用性方面外，还具有独特的审美价值与丰富的文化内涵。在满族服饰的配饰与图案中，可以了解到满族人民对未来的美好愿景、对自然的敬畏以及对生活的热爱。以满族服饰中常见的龙凤图案为例，其在体现皇权至高无上的同时，也代表着幸福安康、吉祥如意等良好寓意；而鸟类、花卉等图案，展现了满族人民热爱和向往大自然的情感。

此外，满族服饰在运用色彩方面也非常有特色。在进行满族服饰色彩搭配与对比时，他们非常喜欢使用鲜艳的色彩，如白和蓝、绿与红等，除展现满族服饰的生动和活泼外，也呈现出满族人民乐观向上、热情奔放的性格特点。此种运用色彩的技巧，不但使服饰拥有更强的系统冲击力，而且使服饰的审美价值得以提升。

根据以上分析可知，满族服饰文化是呈现满族社会生活、历史以及文化的重要载体。研究满族传统服饰文化，不仅可以增进对满族历史和文化的了解，还可以在其中吸取经验和灵感，促进现代服饰设计创新。

第一节　满族衣着"三剑客"

在我国悠久的历史长河中，满族服饰如同一颗璀璨明珠，闪耀着特有的光芒，其凭借自身深厚的文化底蕴、精湛的工艺、独特的风格以及丰富的品种，成为中华民族传统服饰宝库的重要组成部分。在这个和谐且多元的服饰体系中，旗袍、马褂、坎肩扮演着重要角色，被人们称作满族服饰的"三剑客"，分别承载着各个历史时期的文化记忆，共同构成了满族服饰发展和变迁的华章。

一、旗袍

（一）旗袍的起源与发展

旗袍属于满族的传统服饰，是所有旗人都需要穿着的统一服装，在满语中被叫作"衣介"，也被称为旗装。

努尔哈赤在实现女真各部统一后实行了八旗制度，满族也被称为"旗人"，满族人身着的服装也就被叫作旗装，此种袍服男女均可穿着，普遍特征为束腰带、下摆四面开衩、带扣绊、向右侧捻襟、窄袖、圆口领。服装主要由四片布构成，穿着这种服装上马下马均非常方便，而且旗袍的袖口较窄，适合进行射箭等运动。因为有马蹄状护袖设置在袖口附近，也被称为马蹄袖，在制作过程中大多使用皮革面料。满族旗袍如图1-1所示。

1644年，满族入主北京后，在原本游猎文化中融入汉族的农耕文化，发展到清末，旗袍也发生了一些变化：圆领转化成立领，立领的高度为一寸多，这也是后续旗袍领出现的主要根源；四面开衩变成不开衩或两侧开衩；窄袖转

图 1-1　满族旗袍

变成喇叭袖；同时有几道彩色牙子或鲜艳花边被加到掖襟与袖头上，被叫作"狗牙儿"或"画道儿"，在此过程中旗袍做工拥有越来越高的精巧程度，主要是使用棉布作为面料，同时有越来越多的人开始使用丝绸。

作为八旗妇女的衣袍，旗袍不但能够在御寒保暖方面发挥作用，同时呈现了身份等级。在清朝时期，旗袍是皇宫中的礼服，穿着旗袍的均是上等人，主要为皇宫中的格格、皇太后、妃子以及贴身丫鬟穿着，而皇宫中的佣人以及普通丫鬟只能穿短袄长裤。民间普通百姓虽然在穿着方面并未设置森严的等级制度，但也存在富贵贫贱的差异，富裕的人家大多会使用较为考究的面料。

在骑射渐渐从满族人生活中脱离后，马蹄袖逐渐只具备服饰方面的重要意义，但在面对值得尊敬的人时依旧存在放下马蹄袖这一礼仪。清代律法中提出严格规定，汉族女子不可以穿旗袍。

满族男子穿的旗袍只拥有较为简单的结构与样式，同样存在圆领、束带、左衽、扣绊，呈现出四面开裾、大襟、窄袖的特征，四面开叉主要是为了骑射方便，同时可以为手背抵御寒冷。

满族妇女的旗袍属于一种直筒型长袍，有宽大的衣襟和袖子，可以覆盖到小腿，旗袍上还存在很多美丽的绣花装饰。旗袍看起来既大方又漂亮，衣襟、领口、袖口等都绣有多种颜色的花边，有时花边的数量可以达到十几道，穿上能给人以身材修长的感觉，且姿态优雅。还有一种较为独特的旗袍叫"大挽袖"，袖子中设计了非常好看的花纹。

满族男女旗袍的袖式均为马蹄袖，也被叫作箭袖，在清代初期，满族男子所穿的旗袍只存在较窄的袖口，袖端会设置一块长可露指的半圆形兽皮（后转变为布质），穿着此种服饰打猎、征战时射箭均非常方便，可以帮助手背御寒。清朝中期以后，便服服装不再使用此种袖式，而是在礼服中使用，便服开始使用平袖。礼服上的马蹄袖在平时为卷起状态，在叩见长辈、喜庆节日、拜见上司、喜庆节日、办公事时会按照先左后右的顺序将马蹄袖放下，才能行拜见礼。也有部分满族人民会在便服袖口处使用纽扣系上马蹄袖，从而当作礼服使用。满族妇女的礼服也大多使用马蹄袖式，马蹄袖如图 1-2 所示。

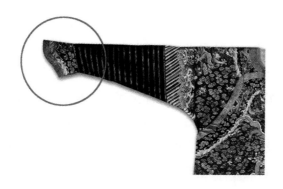

图 1-2　马蹄袖

（二）旗袍的款式与特点

满族旗袍属于中国传统服饰之一，拥有非常悠久的发展历史，蕴含着丰富的民族特色与历史文化。其存在多种多样的款式，而且展现了不同的韵味。相关文献研究表明，17 世纪是满族旗袍的诞生时期，它饱经岁月沧桑，逐步发展成了我国女性衣着的标杆。旗袍不只是一件普通衣物，它更是承载了深厚文化底蕴与艺术美学的载体。

旗袍作为满族文化的瑰宝，其设计风格别具一格，以挺括领口、偏右襟开合、紧致腰身和侧摆开口为显著特色，每一点都彰显了设计师的智慧与对传统审美的深刻理解。那高耸的领口，不仅显现出华夏衣冠的庄重与文雅，还在冬日里为穿着者提供了一抹暖意；而偏右襟的式样，成为旗袍区别于其他族群服饰的独特标识，它不仅是装饰性的存在，也蕴含着吉祥和顺的深厚寓意。紧腰的设计巧妙地凸显了女性的柔美身形，映射出东方女性的独特韵味与内敛美。侧摆的开口处理，既方便了穿着者的活动，又在不显山露水中，透出一抹别样的韵味，体现了实用与审美的和谐统一。

在选择色彩方面，传统的满族裙装偏爱以热烈而充满喜悦的红色作为基调，这一色彩在中国传统文化中代表着好运与美满，常作为庆典活动的首选色彩。但满族裙装的颜色远不止包括红色，还包括黑色、白色、蓝色和绿色等，各种颜色都赋予了裙装独特的情感表达和象征意义。黑色的裙装显得庄重而沉静，白色的裙装透露出纯洁与高雅，蓝色的裙装散发着宁静与深邃，而绿色的裙装洋溢着生机勃勃的气息。这些多姿多彩的色调使满族裙装更加迷人，无论在何种场合都能吸引众人的目光。

在材质选择上，古典满族旗袍极为挑剔，常用的包括丝绸、缎面、棉质等多种布料。以丝绸制成的旗袍，其光泽温润，质地尊贵，适宜于重要交际活动时穿戴，以凸显穿着者的格调与地位。缎质旗袍更显奢华，其闪耀的质感与柔滑的手感，使其成为展现尊贵身份的优选。棉质旗袍以其穿着舒适、通风透气而受到青睐，更适宜于日常生活，给人以朴实无华的印象。各种材质的旗袍，让满族旗袍能够适应各类场合，呈现出丰富的风貌。

满族旗袍的设计图案独具匠心，形式各异，涵盖了象征吉祥的龙、凤、蝠、牡丹等传统图腾，以及充满民族风情的蝴蝶、喜鹊、荷花等元素。这些图案利用刺绣、印花等高超技艺，巧妙地融入旗袍之中，既增添了视觉美感，又寄托了丰富的文化意义和美好的愿景。同时，旗袍的盘扣设计不仅起到了固定作用，其精致的外观和所承载的象征意义，也为旗袍的整体造型增添了画龙点睛的一笔。

根据实际情况可知，满族旗袍主要存在以下特点：

第一，立领设计。满族旗袍大多拥有较高的领子，可将颈部紧紧包裹住，有时会在旗袍设计中使用翻领或立领。

第二，右衽大襟。旗袍的衣襟是从右侧覆盖至左侧，即右衽，这一设计体现了中国传统服饰的习俗。

第三，直线剪裁。传统旗袍的剪裁较为宽松，整体呈直线型，不强调身体曲线，这一点与后来改良的海派旗袍有所不同。

第四，盘扣装饰。旗袍的衣襟前通常会有一排盘扣，既起到固定衣襟的作用，又具有装饰效果。

第五，下摆开衩。旗袍两侧或后侧通常会有开衩，方便行走，同时也增添了一份灵动。

第六，面料多样。传统旗袍多采用丝绸、缎面、棉布等面料，并根据季节和场合的不同选择不同的材质和厚度。

第七，图案丰富。旗袍上的图案多采用中国传统图案，如花卉、云纹、龙凤等，寓意吉祥。

第八，色彩讲究。传统旗袍的色彩丰富，不同的颜色有不同的寓意，如红色代表喜庆，黑色代表庄重等。

第九，搭配饰品。人们穿着旗袍时，常常会搭配相应的饰品，如耳环、手镯、头饰等，以增加整体的美感。

（三）旗袍的文化内涵

作为中国传统服饰文化的瑰宝，满族旗袍不仅凭借自身的精湛工艺技术和独特款式设计受到了人们的喜爱，更凭借自身深厚的象征意义与文化内涵，成为中华传统文化的重要组成部分。在传统满族旗袍中，我们可以了解满族人民的宗教信仰、审美观念、社会结构以及历史记忆。

第一，满族历史与身份的象征。在满族服饰文化中，满族旗袍扮演着重要角色，蕴含着满族人民的民族认同与历史记忆。在清代，旗袍除了是满族妇女的日常穿着外，还象征着其身份与地位。旗袍的图案装饰、款式设计、面料选择等方面都是以满族服饰规制为依据，展现了满族社会的利益规范和等级制度。在穿着旗袍的过程中，满族妇女可以在体现自身优雅、美丽的同时，表示自身认同与尊重民族文化。

第二，审美观念的体现。满族旗袍在设计方面非常重视裁剪合体和线条流畅，呈现了满族人民独特的审美观念。旗袍的立领设计不但会呈现出体拔端庄的形象，还能对颈部线条起到修饰作用；盘扣则具备样式多样、工艺精湛的特点，为旗袍注入了灵魂。除此之外，旗袍的图案装饰与色彩搭配也具备鲜明的艺术特征，如使用较多的花卉图案、龙凤图案等，都属于美好、吉祥、幸福的象征。这些设计元素在展现满族人民审美追求的同时，也表达了他们热爱自然和生活的感情。

第三，社会结构和礼仪的反映。在传统满族社会中，旗袍穿着与穿着者的社会地位和身份存在密切的联系，各种品级的满族妇女和官员均需穿着适当图案、款式以及面料的旗袍。此种穿着规制不但是满族社会等级制度的体现，还体现了当时社会的社交文化与礼仪规范。借助穿着与自身身份相符的旗袍，满族妇女可在公共场合展示自身的地位与身份，这在维持当时社会稳定与礼仪规范方面发挥了重要作用。

第四，图腾崇拜的映射。满族旗袍中存在非常丰富的图案装饰，其在一定程度上反映了满族人民的图腾崇拜，以满族旗袍中的龙凤图案为例，其除代表至高无上的皇权外，也寓意着美好、吉祥与幸福，在呈现满族人民敬畏和崇拜自然的同时，展现了他们对美好生活的向往和追求。利用穿着带有相关图案的旗袍，满族人民可以呈现自身的图腾崇拜，并且可以传递出对社会与家族的祝福和祈愿。

综上所述，满族传统旗袍具备深刻且丰富的文化内涵，其被作为满族人民民族认同及历史记忆的载体，呈现了他们的审美观念以及社会结构。对相关文化内涵进行深入了解与挖掘，能够更加深入地理解和传承中国传统服饰文化。

二、马褂

（一）马褂的历史背景

马褂是一种短上衣，同样是满族传统服饰的重要组成，其在满语中为"鄂多赫"，所代表的意义为骑马时出于方便所穿的衣物，其也被叫作"短褂"，在清代与民国时期非常流行。

马褂原本为男性行服褂，皇帝的马褂为明黄色，也就是我们常说的"黄马褂"，之后逐渐演变为男女兼穿，马褂如图 1-3 所示。马褂属于一种短上衣，其长度到肚脐左右，衣服四周都设置了开口，因此穿着马褂活动非常方便。衣袖部分长度主要分为到肘部与到腕部两种，相对来说短袖较宽而长袖较窄，袖口是平的。马褂分为单层、双层，冬天还可以使用棉、皮等材料制作，将其套在长袍外面，能够在满足御寒要求的同时为骑马射箭提供方便。

图 1-3 马褂

在满族骑马游猎生活习性下，马褂出现之初主要是作为八旗士兵的衣物，特别是在顺治与康熙统治时期，官员大多穿着石青色马褂，而普通士兵穿着与自身所属旗颜色相同的马褂，同时借助颜色完成等级划分。

在康熙帝御驾亲征噶尔丹时，有一位大臣的母亲因为怜惜儿子身体孱弱，专门做了一件马褂给他穿，该马褂明显比传统马褂拥有更长的长度，而且收紧了袖子。康熙帝在得知这件事后，不但允许大臣穿这件马褂面见自己，还为该马褂赐名为"阿娘袋"。之后这种样式的马褂流传到民间，受到了很多老年人的欢迎。

在发展到雍正时期以后，马褂穿着群体不再局限于特定人群，开始在所有人群中流行，马褂在此时完成了从行军服到日常服装的转变，并且逐渐在全国范围内流行。在此过程中也出现了很多新的马褂款式，如立领和圆领、宽袖和窄袖、长袖和短袖等。制作马褂所使用的材质也发生了很大改变，包含棉、纱、皮、夹、单等不同面料，发展成男性的便装，无论士庶皆可穿着。随着岁月的流转，马褂慢慢演变成了一种象征礼仪的服饰，各行各业的人士皆在长袍之上穿戴马褂，以展示其高雅和阔绰的风采。到了民国时期，马褂已经被正式纳入礼服的行列，其尊贵的地位由此显露无遗。

在清朝末年，人们的马褂着装习俗经历了明显的转变。当时，普遍流行的是里面穿着长袍或长衫，外面搭配黑色带有隐蔽花纹的对襟马褂，这种打扮已经成为社会上普遍认同的标准"正装"。1912 年，也就是民国成立的第一年，北洋政府颁布的《服制案》明文规定长袍马褂为男性日常礼服的一种。1929 年，即民国十八年，国民政府发布的《服制条例》再次肯定了蓝色长袍与黑色马褂作为"国民礼服"的地位。不过，随着时间的推移，到 20 世纪 40 年代，穿马褂的人数开始逐渐减少。新中国成立之后，马褂作为过往时代的标志，逐步被淘汰。尽管如此，经过一系列的改良，马褂以"唐装"的新身份再次受到人们的关注，虽然其样式已经有所改变，但它所蕴含的深厚文化内涵与历史价值依然值得人们深思和探究。

（二）马褂的款式和特点

马褂的结构多为人字襟、大襟、琵琶襟、对襟，有窄袖、缺袖、大袖、长袖的区别，都属于平袖口，并未设置成马蹄式，马褂的领袖边部多会设置镶滚。门里襟贴边等部分粘衬，主要是利用工艺板画钩完成立领粘衬，之后使用立领工艺装领；两侧设有开衩，属于船分叉工艺，下半部分折进里面；门襟部分设置对扣 5 粒，采取手工方式固定于盘结，在衣襟连接方面主要使用盘纽。

马褂主要存在以下四种基本样式：

1. 翻毛皮马褂

翻毛皮马褂属于清朝冬季服饰，此种马褂与其他马褂的不同之处在于其大多使用毛茸茸的皮毛作为材料，给人以奢华的感觉，很多达官贵人通过穿翻毛皮马褂来彰显自身的地位和财富。翻毛皮马褂主要使用狐皮、鼠皮、羊皮、貂皮等材料，在清朝这些皮毛非常珍贵。翻毛皮马褂主要分为三种：第一种是最为常见的，马褂外面使用普通的绸子或布料，而里面设置毛皮，给人以低调的感觉；第二种是里外均为毛皮材料，这种马褂价格较高，穿着人员大多为有钱的官宦子弟，因为此种马褂拥有非常好的保暖性能，也被叫作"里外发烧"；第三种相对来说较为罕见，在设计时布在里面而毛皮在外面，在清朝时期这种款式也被叫作反穿，带给人独特的感觉。

2. 大襟马褂

大襟马褂男女皆可穿着，受到了很多满族人的喜爱。其袖子长度延伸到肘部，衣服长度可以达到腰部，两边均存在开口，衣襟设置在右边。大襟马褂的下摆、袖口、衣襟、领口等大多会使用不同的颜色进行装饰，从而使马褂带给人一种生动活泼的感觉。在清朝后期，此种马褂非常流行，多为贵族男子穿着。此种马褂在衣襟、领口、袖子处均存在宽宽的装饰边，所以被很多人叫作镶沿马褂。

3. 琵琶襟马褂

琵琶襟马褂的命名主要是因为其存在与琵琶相近的形状。此种马褂的右襟明显比左襟更短，只使用一块布料补上，用纽扣连接，整体看起来像琵琶。琵琶襟马褂穿起来很方便，适合出行时穿着。

4. 对襟马褂

对襟马褂在马褂中最为常见，它的特点是对襟设计，衣长到腰部，袖子平直且长度到肘部。这种马褂有一个很有名的别称叫"得胜褂"，因为传说乾隆年间，一位名叫傅恒的大臣穿着它领兵打仗并取得了胜利。对襟马褂的颜色很多变，从天青色到玫瑰紫，再到深绛色，每个时期都有不同的流行色。还有一种大袖的对襟马褂，可以作为礼服穿，颜色通常是天青色，官员在拜见客人时经常穿这种马褂。除此之外，还有一种特殊的对襟马褂，叫作"卧龙袋"。这种马褂的衣身和袖子比"得胜褂"要长一些，多用于平民。它的名字来源于满语"马褂"的音译，后来误称为"卧龙袋"，也有人叫它"额伦袋""鹅翎袋"或"阿娘袋"。河工常常把卧龙袋当作正式的工作服来穿。

（三）马褂的文化内涵

1. 体现民族认同感

马褂属于满族传统服饰的代表，其蕴含着满族人民深厚的民族认同感，其不仅仅是一件简单的衣物，还是民族精神的象征，属于一种文化传承。在满族人民看来，穿着马褂不单纯为了满足日常生活需求，更体现了自身尊重与坚守民族历史和文化传统。对于满族人民来说，穿着马褂属于一种无声的表达方式，其呈现了个体认同满族文化的情况。马褂的图案装饰、设计理念以及制作工艺均展现出了满族人民热爱民族传统的感情，在各处细节中，都承载着满族人民先祖的智慧，属于一种文化传承和民族特色的坚守。马褂作为一种典型的民族服饰，其在满族人民的重要仪式、节日庆典以及日常生活中，均扮演着重要角色，其是一种无声的宣言，展现着满族人民弘扬民族精神以及认同民族文化的感情。在历史中，马褂随着满族人民的辉煌与变迁，其伴随着满族人民从狩猎、游牧的生活走向农耕、定居的生活，从部落联盟走向国家政权。在此期间，马褂一直是满族人民民族认同的重要标志，是民族性格与民族力量的重要载体。现如今，虽然人民的服饰种类越来越丰富，但在满族人民心中，马褂仍然占据着重要地位。其既属于一种服饰，又是一种文化符号，更是民族精神的体现。

2. 社会等级的象征

在清代，马褂不仅是一种传统满族服饰，更是社会等级的象征。在清代，马褂的装饰细节、颜色、材质以及款式都被赋予了特殊的社会意义，使其能够无声地展示穿着者的权力等级与身份地位。其中，皇帝所穿的黄马褂代表着最高社会等级。在中国传统文化中，黄色一直被看成最尊贵的颜色，代表着神圣不可侵犯的地位与光圈。在制作过程中大多使用丝绸面料制作皇帝的黄马褂，并且会绣上精美的图案，其上的龙纹更象征着至高无上的皇权。官员通常穿着石青色的马褂，这种颜色虽然与黄色相比尊贵程度较低，然而同样展现了官员在社会等级中的地位。石青色的马褂也会因为官员品级差异而使用不同的工艺与材质；工艺上，高级官员往往穿着更为精致的马褂，其上会配备更加繁复的装饰，而低级官员的马褂则较为简朴；材质上，官员以及贵族穿着的马褂制作材料大多为高档丝绸，而普通百姓制作马褂的材料是粗布或棉。此种材料上的不同，不仅体现在舒适度与触感方面，还是社会地位方面的界限。这种服饰规制有助于维护清代的社会秩序。通过马褂的颜色、款式和材质，人们可以迅速识别出对方的身份地位，从而决定相应的礼节和交往方式。这种无声的等级标识，不仅体现了满族社会的社会结构和礼仪规范，也在一定程度上促进了社会稳定和秩序。在清代，马褂的等级象征意义被严格遵循，任何越矩的行为都会受到严厉的惩罚。因此，马褂不仅是服饰，是一种社会制度的体现，是一种文化传统的延续，更是满族社会等级秩序的重要组成部分。通过对马褂的细致规定，清代社会结构的复杂性和秩序性得到了有效的维护和展示。

3. 审美观念的传承

马褂的设计还体现了满族人民的审美观念传承，马褂具备简洁大方的特点，除展现满族人民的实用主义精神外，还透露出他们对美的独特追求。马褂的立领兼具庄重与保暖，表明满族人民已经可以完美结合服饰的美观性与功能性。马褂中窄袖的设计，不仅活动非常方便，而且与满族人民骑射需求相符，呈现出一种优雅且简约的审美情趣。对襟的款式兼顾了和谐性和对称性，不但在穿着时非常方便，而且呈现出满族人民对平衡美的追求。此种设计理念深入人心，已经发展成满族服饰文化中的重要内容。马褂上的颜色与图案，也继承了满族人民的审美观念。无论是象征地位和权力的龙凤图案，还是象征富贵与吉祥的牡丹、云纹等图案，都表达了满族人民对自然的敬畏和对美好生活的向往。在颜色方面，马褂大多使用对比强烈且鲜艳的色彩，如朱红、石青以及宝蓝等，在合理运用这些色彩后，不但使马褂具备了生动活泼的特征，而且展现了满族人民热爱生活的态度以及对色彩的敏感。在细节装饰方面，马褂上会使用细腻的刺绣和精致的盘扣，展现了满族人民对美的不懈追求和对工艺的精益求精。根据以上情况可知，马褂的设计与装饰，是满族人民审美观念的传承和发扬。它不仅满足了满族人民日常生活的需求，更在无形中传递了一种生活态度和审美情趣。这种审美观念，历经岁月洗礼，仍然在当代满族服饰文化中发挥着重要作用，成为连接过去与现在、传统与时尚的重要纽带。

4. 马褂的设计是满族人民生活方式的反映，同时展现了满族人民与自然和谐发展的理念

作为一种已经拥有悠久传承历史的民族服饰，马褂的所有设计细节都蕴含着满族人民应对各种环境的智慧。短褂的设计不但能够为穿着者的活动提供方便，还能呈现出在长期生产活动中满族人民对于服饰提出的功能性需求。此种设计保证了穿着者在射箭、骑马的过程中能够自由活动，与满族人民狩猎与游牧的生活习性高度相符。窄袖的设计，同样考虑了实用性方面的因素，在活动中衣物不会成为阻碍，还能适应北方的寒冷气候，有机结合了服饰的便捷与高端，证明满族人民在生活实践中非常重视把握细节。窄袖在风格方面较为简约，呈现了满族人民干练、简洁的生活态度。在马褂材质选择方面，大多选用

具有保暖以及耐磨功能的材料，如棉布、丝绸等，使用这些材质制作的马褂具有非常强大的御寒功能，而且马褂在穿着方面较为舒适。这种精心选择服饰材料的行为，展现了满族人民合理利用资源以及深刻理解生活环境的情况。总之，马褂的设计深刻反映了满族人民的生活方式，其不仅蕴含了满族人民在历史中沉淀下来的实用主义精神和独特审美，也展现了他们与自然和谐相处、积极适应自然环境的处事智慧。马褂的发展史实际上是一部活生生的满族生活史，承载着这个民族对生活的热爱和对自然的尊重。

三、坎肩

（一）坎肩的起源与演变

满族坎肩又被叫作背心或马甲，属于我国东北地区满族人民的传统服饰。根据相关史料可知，满族坎肩最早出现在明朝末年。当时，满族人民为了更好地进行游牧和狩猎，设计出了一种具有较强保暖性且无袖的服装，这也是满族坎肩的雏形。在满族坎肩演变过程中，其与满族生活习俗、历史发展以及民族文化深刻交融。在明朝末年至清朝初期，满族越来越强大，并且开始接触和学习汉族等其他民族的文化。在此过程中，满族坎肩在保留原有功能性的前提下，不断加入镶嵌、绣花等汉族服饰的元素，促使坎肩装饰与款式朝着多样化方向发展。在清朝建立后，满族转变为统治民族，满族服饰逐渐发展成宫廷服饰。在该时期内，满族坎肩快速发展，不仅出现了很多新的款式，而且在图案、材质以及颜色等方面的划分也变得更加精致，使其具备区分身份与地位的作用。在清朝中后期，由于汉满文化融合逐渐深入，满族坎肩开始在民间普及，获得了汉族等民族人民的喜爱。该时期的满族坎肩，不但已经拥有多种多样的款式，如人字襟、对襟等，还可在不同场合中穿着，细化为节庆穿着与日常穿着。在日常穿着方面，满族坎肩以实用性为主，主要使用麻、棉等材料。在节庆场合穿着方面，满族坎肩更加重视装饰性，使用缎子、丝绸等高档面料，同时使用精湛的镶嵌以及绣花工艺表现出华丽典雅的风格。总之，满族坎肩的起源与演变历程，见证了满族人民的生活习俗、审美观念及文化交融。如今，满族坎肩已成为中华民族服饰文化的重要组成部分，传承着悠久的历史底蕴，展现出独特的民族风情。清代对襟坎肩如图 1-4 所示。

图 1-4　清代对襟坎肩

（二）坎肩的款式与特点

　　满族坎肩属于满族传统服饰的典型代表，坎肩的款式可以分为人字襟、琵琶襟、一字襟、对襟以及大襟等。其中，人字襟坎肩款式较为独特，其最主要的特征是存在人字形襟口，在展现满族服饰韵味的同时，展现出穿着者的个性。人字襟坎肩拥有非常考究的制作工艺，经常使用缎子、丝绸等上等面料，形成柔软的手感与细腻的质地。在色彩搭配方面，人字襟坎肩主要选择蓝色、黑色以及紫色，可同时满足华丽与庄重典雅方面的要求。坎肩上大多设置具有吉祥寓意的图案，如花卉、龙凤等，反映了满族人民向往美好生活的感情。人字襟坎肩在穿着方面也较为讲究，大多与马褂或长袍搭配，构成了独具特色的满族服饰风格。在穿着该款式坎肩时，襟口处的人字形状能够与人体自然贴合，可满足美观性与舒适性要求。同时，人字襟坎肩上还会设置镶嵌、盘扣等装饰，使坎肩整体看上去更加艳丽，形成更为丰富多彩的整体造型。人字襟坎肩在穿着后除具有保暖效果外，还能呈现出一定的仪式感。在满族人民的庆典活动、重要节日中，穿上人字襟坎肩，既传承了传统文化，也表现出自身认同民族身份的态度。清代人字襟坎肩如图 1-5 所示。

图 1-5   清代人字襟坎肩

　　琵琶襟坎肩也被称为盘扣坎肩，属于满族女性较为常见的服饰。琵琶襟坎肩主要是因为前襟的形状而得名，与琵琶的琴头类似。此种坎肩的制作面料大多为缎子、丝绸等，存在鲜艳的色彩与精美的图案。琵琶襟坎肩的设计也很有特点，有机结合了民族特色、实用性以及美观性。琵琶襟坎肩大多为立领或者圆领领口，且在领口边缘处设置了精致的绲边，与衣服图案形成一个整体。琵琶襟坎肩的前襟为弧线形，从领口一直延伸到腋下，两侧对称，就像琵琶的琴头一样。前襟上的盘扣通过传统工艺制作而成，不但能够防止衣襟移动，还能赋予其古朴韵味。琵琶襟坎肩使用的是宽松的肩部设计，在穿着时人们可正常活动，能满足满族女性日常劳作需求。在满族传统服饰中，琵琶襟坎肩大多与马面裙、旗袍等服饰一同穿着，从而展现出女性的优雅与端庄。琵琶襟坎肩拥有多种多样的图案，可通过福字、龙凤、花卉等寓意吉祥，也可利用渔猎、骑射等元素展现满族狩猎文化，相关图案是满族文化内涵与满族人民审美情趣的体现。清代琵琶襟坎肩如图 1-6 所示。

图1-6 清代琵琶襟坎肩

一字襟坎肩即"一字领坎肩""直襟坎肩",同样是满族坎肩中的经典款式,一字襟坎肩最显著的特征是独特的襟口设计和简洁的线条,展现了满族服饰对称与简约的审美观念。一字襟坎肩大多使用丝绸、棉、麻等面料,主要为浅色,在日常和节庆场合均可穿着。一字襟坎肩存在直线状前襟,从领口一直延伸到衣摆,中间并未中断,这也是一字襟的由来。此种设计使坎肩具备更为流畅的整体线条,襟口处的纽扣大多会使用传统的玉石纽扣或布纽,兼顾了装饰性与实用性。一字襟坎肩存在多种领型,如翻领、圆领、立领等,符合多种审美以及场合的要求。在满族传统服饰中,一字襟坎肩大多会搭配长袍、旗袍等服饰,在保暖的同时体现了层次感。一字襟坎肩同样拥有多种多样的图案与刺绣工艺,大多会使用蝴蝶、云纹、莲花等图案象征吉祥,不但符合美观方面的要求,还蕴含着满族人民对美好生活的向往。一字襟坎肩存在较为精细的制作工艺,非常注重处理细节问题,如袖口的收口、边缘的绲边等,都是满族服饰工艺的体现。清代一字襟坎肩如图1-7所示。

对襟坎肩属于满族传统服饰的重要内容,也被叫作"巴图鲁坎肩",在东北地区满族人民日常生活中产生。对襟坎肩为对襟式款式,前襟两侧是对称的,在穿着时需要交叠两襟,给人以大方、庄重的感觉。坎肩襟的长度较短,

图 1-7　清代一字襟坎肩

大多能够到达腰部，两侧有开叉，穿着时活动也非常方便。对称坎肩多使用麻布、丝绸、棉布等面料，档次最高的为丝绸。图案方面，满族人民非常敬畏自然，所以大多会选择虫鱼、山水、花鸟等自然元素作为对襟坎肩上的图案，寓意幸福安康、吉祥如意。同时，对襟坎肩还使用了绲边、刺绣以及镶嵌等工艺，使服饰给人以大方、美观的感觉。满族对襟坎肩会使用绿、黄、蓝、红等色彩，表达了满族人民热爱生活的态度。在穿着搭配方面，对襟坎肩大多与满族传统长袍一同穿着，构成上短下长的层次感。这种搭配方式兼顾了实用与保暖，与北方寒冷气候相适宜。对襟坎肩还可作为装饰品，可以作为展现满族人民审美品位与身份地位的载体。在满族民间，对襟坎肩具有非常高的象征意义，男子和女子穿着对襟坎肩分别寓意着骁勇善战和贤良淑德。

　　大襟坎肩又称为马蹄袖坎肩或旗袍坎肩，属于满族女性服饰中的经典之作。大襟坎肩具有装饰丰富、裁剪独特以及线条优雅的特点，可呈现出满族女性的婉约和端庄。大襟坎肩在前襟设计方面较为独特，使用的是右衽大襟，即前襟从右向左覆盖，与汉族服饰的左衽存在明显差异。大襟坎肩在制作时大多使用缎子、丝绸等高档面料，可以表现出很好的光泽感，在穿着后不仅能凸显身材曲线，还能展现女性的柔美。在图案方面，大襟坎肩有寓意吉祥的图案，而且会运用绲边、刺绣等多种装饰工艺。大襟坎肩主要采用立领或圆领的领口设计，领口边缘有精美的珠片或绣花，提升了坎肩的美观性。坎肩的袖子多为马蹄袖，即设计为喇叭状的袖口，既可帮助手部御寒，又可保证活动方便。大襟坎肩长度大多达到臀部以下，两侧开叉，在行走时不会受到拘束。在穿着搭配方面，大襟坎肩大多与满族传统旗袍一起穿着，形成上下一体的和谐之美。此种搭配方式不但能够呈现满族女性的端庄气质，而且能够展现她们的优雅身姿。清代大襟坎肩如图1-8所示。

图1-8　清代大襟坎肩

（三）坎肩的文化内涵

1. 民族文化的传承与创新

坎肩，在满族传统服饰中具有举足轻重的地位，它不只是简单的穿着，更是一段历史的积淀和文化象征。它凝聚了满族人民千年来的记忆、生活习惯以及审美情趣。自明代末期起源，历经清代的鼎盛，至当代的继承，坎肩的发展轨迹映射出满族文化从古至今的延续与变革。最初，满族坎肩以其无袖的设计和保暖性能，适应了满族人游牧狩猎的生活方式，这一设计反映了满族人对自然和生产方式的理解与革新。随着时间的演进，满族坎肩在保持其实用性的同时，逐渐融入了其他民族的特色文化。特别是在满族人民进入中原后，与汉族文化的交流增多，坎肩的样式随之发生了显著的变化，吸收了汉族服饰的镶嵌、刺绣等技艺，使原本的设计更加多姿多彩。这种融合不是单纯的拷贝，而是满族人在维护传统的同时，对外来文化进行的筛选、吸纳和创新。正是这种文化的继承与发展，让坎肩不仅成为满族服饰的象征，也成了中华民族服饰文化中的一颗闪亮明珠。在清朝，满族作为统治阶层，满族服饰逐步演变成了宫廷服饰。这一阶段，坎肩在样式、图案、材料和色彩等方面都迎来了极大的丰富，彰显了满族文化的繁荣和自尊。满族人将本民族的元素与其他民族的精华相融合，打造出了众多别具一格的坎肩款式，如人字襟、琵琶襟、一字襟等，这些款式既承载着满族的经典风格，又体现了不同时代的审美特点。

2. 社会地位的象征

在清朝，坎肩不单单是满族人平时的穿着，也是身份地位的标识。在等级森严的背景下，坎肩的样式、纹样、质地以及色彩的不同，蕴含了独到的社会含义，变成了辨识穿着者身份与阶层的关键符号。皇室与贵族的坎肩常常选用上乘丝绸，图案细腻，色彩斑斓，装饰豪华，如金银丝绣、珠宝嵌入等，显示出其高贵的身份；而一般官员及士人的坎肩，尽管也有装饰，但材质与工艺较为朴素，颜色和图案相对保守，体现了他们在社会阶层中的地位；平民的坎肩更重视实用，多采用棉质，颜色以深色为主，图案简约，鲜有过多装饰，反映了普通百姓的生活水平和社会地位。另外，不同级别的官员和贵族的坎肩款式也有所不同，例如，官员坎肩上的图案，直接显示了其官职的高低，从而在视觉上区分了官阶。这种用坎肩表示社会地位的方式，不仅成人如此，连儿童的坎肩也有所区别。因而，坎肩在清朝不只是服装，更是社会秩序的一种体现，它默默传递了穿着者的身份信息，成为那个时期特有的文化现象。通过细致分析坎肩，我们可以洞察到清朝社会的等级制度和文化特点，以及当时人们的生活状态。

3. 审美情趣的体现

满族服饰中的坎肩，无疑反映了该民族独特的审美意趣。历经悠久岁月，满族人将他们对美满生活的向往倾注于坎肩的点滴之中，无论是其样式、用色、图案设计，还是装饰手法，都透露出鲜明的民族风格与艺术风采。在样式设计方面，坎肩以其无袖的简约造型，不仅满足了满族人骑射生活的实用需求，也映射出他们对简练美的独到理解。各式坎肩，如直立款、束腰款、对襟款等，均巧妙地适应了不同体型的穿着者，既舒适又雅观，显示了满族人对于服饰实用与美观并重的考量。在色彩搭配上，满族坎肩呈现出明显的民族特色，善于运用对比色，如黑配红、蓝配绿，这样的配色不仅增强了服饰的层次感，也反映了满族人对于色彩的选择和对生活的热情。色彩的搭配还常常与季节变换、节日活动相呼应，体现了满族人与自然和谐共处的审美观。在图案设计方面，坎肩上的图案往往来源于自然界的花卉、果实、山川等，以及象征吉祥的图腾，如蝙蝠、蝴蝶等。这些图案不仅赏心悦目，还寄托了满族人对于幸福生活的渴望和对自然的敬畏之心。图案的排布与线条流畅自然，既有对称的稳重之美，又不乏不对称的灵动之感，充分彰显了满族人的审美情感。至于装饰工艺，坎肩上的刺绣、镶嵌、绲边等技艺，更是满族人审美情趣的集中展现。这些工艺精细入微，每一针每一线都凝聚了匠人的智慧与辛勤，如平绣、打籽绣、盘金绣等刺绣技艺，不仅增添了坎肩的美观度，更使其成为一件件艺术品，体现了满族人对于细节美的极致追求。

第二节　清代官服"三套装"

《清太宗文皇帝实录》记载，清太祖努尔哈赤改革了衣冠制度，不但促进了清代服饰文化的发展，而且是满汉文化交流融合的生动体现。17世纪初，努尔哈赤利用各种政治联姻以及军事征服措施，将分散的女真各部统一。在此过程中，其深刻认识到在加强民族认同与中央集权方面统一衣冠的重要性。努尔哈赤在改革过程中摒弃了传统的女真服饰，构建出了一种全新的服饰体系，以此使新生政权的权威变得更加巩固。

"凡朝服，俱用披肩领，平居只有用袍"的规定，在本质上简化与规范了女真传统服饰。披肩领的设计，在保留女真服饰传统元素的同时，提升了衣物的保暖性能；而平居所穿着的袍，主要是将舒适性与实用性作为考量因素，主要目的是日常活动方便。

顺治元年，清朝在北京定都，自此之后正式步入清朝统治时期。在这一年，清朝推出了衣冠制度，不仅继承了明朝的服饰文化，而且融入了满族文化。清朝官服的改革不仅包含服饰样式的改变，还是一种政治文化的体现，其展现了清朝统治者的文化自信与包容多元文化的胸襟。

清朝在改革官服的过程中，改变了传统汉族长袍宽袖的礼服形式，这种改革是一种大胆的创新。在关外时，满族主要通过游牧渔猎生活，决定了他们所穿着的服饰具备便捷性与实用性的特点。满族服饰在引入褂袍制后，提高了官服的贴身性，可支持劳作和骑射，同时可以抵抗北方寒冷的气候。

在继承明代服饰文化的基础上，清朝也改良了官服，清代官服的特点为"三套装"——蟒袍、外褂、补服。

一、蟒袍

（一）蟒袍的历史背景

蟒袍也被叫作花衣、蟒衣、蟒服。清代蟒袍主要是继承了明代风格，其在明代初期作为官员赐服或朝服，具有非常严格的穿用等级，人们只能穿着与自身等级相符的蟒袍。在满族人民入关后，有机结合了满族服饰与蟒衣，更名为蟒袍。与明朝相比，清代蟒袍在穿用人群方面较为宽松，大多作为吉服、礼服穿用。礼服大多设计为披领，表现为庄重的造型；而吉服为圆领右衽，相对来讲更为简单。文武百官常将蟒袍衬在补褂内套服，这是一种较为典型的吉服搭配形式。

服装上设置的蟒纹图案是蟒袍最显著的特点，《尔雅·释鱼》卷九中将蟒解释为王蛇。因此，最早的"蟒"指大蛇，与龙存在很大差异。而在《神话与诗》中曾经指出，龙是从蛇演变而来，在最初时龙就是一种大蛇的名字。明代沈德符在《万历野获编》中曾提到，蟒是一种大蛇，没有像龙一样生长角、足，因此不是同类。明代蟒衣的原型为龙，且明代蟒衣和龙袍拥有较高的相似度，只是与龙相比蟒少了一爪。从字面意义分析，蟒袍就是织绣有蟒纹的袍服。

清代蟒袍沿袭了明代旧制，与明代蟒袍基本相同。然而因为满汉民族文化存在一定不同，在服饰形制方面出现了明显改变。满族人民喜欢穿褂、袍，在此种情况下蟒衣完成了从宽袍大袖向紧身小袖的转变，也被更名为蟒袍，清代蟒袍如图 1-9 所示。除形制之外，清代在管制蟒袍穿用方面不像明代那样严苛，在很大程度上扩展了穿着人群，从未入流的官员到亲王均可穿着蟒袍，但在蟒袍的纹饰和穿用场合方面有着较为严格的要求。

图 1-9　清代蟒袍

在满族入关以后，清代蟒袍在沿袭明代传统的前提下，融合满族服饰的特点，形成了独具特色的服饰文化。清代蟒袍的发展历程，实际上是满汉文化交流与融合的过程。在此过程中，蟒袍不仅保留了明代蟒衣的威严与庄重，还展现了清代社会等级制度的变迁。

清代蟒袍的流行，与满族统治者的推崇存在密切的联系。在满族入关后，为了巩固政权，君主大力推崇汉族文化，却也不忘保持本民族的独有风貌。在这种交融的氛围中，蟒袍便逐渐成为清朝官场上一种不可或缺的服饰。与明朝相比，清朝的蟒袍穿着者范围更为广泛，不仅官员得以穿戴，连亲王、贝勒等显贵也竞相穿用。蟒袍因此成为标志社会地位及身份的显赫符号。

在款式设计上，清朝的蟒袍经历了创新和改良。鉴于满族人民偏好穿着短褂长袍，蟒袍的款式由原先的宽松大袖演变为紧致小袖，以迎合满族人民的着装偏好。这一变革不仅融合了民族文化，也提升了蟒袍的实用与审美价值。此外，蟒袍在纹样上依旧保留了传统的蟒纹，以此凸显穿着者的崇高身份。

虽然清代的蟒袍穿着对象相对宽泛，但在图案和穿戴场合上却实施了细致的规范。清廷利用对蟒袍的管理，加强了社会等级观念，将衣物变成了保持社会等级序列的一个关键元素。蟒袍上所绣蟒纹的多少、色彩、尺寸等细节，都与穿着者的高低身份紧密相连。举例来说，亲王和贝勒等显赫贵族所穿的蟒袍，其蟒纹丰富，色彩明丽，彰显其尊贵身份；相较之下，低级别官员的蟒袍则蟒纹稀少，色彩较为灰暗。

在清代蟒袍的演变过程中，政治、经济和文化等层面的变动都对其产生了影响。在康乾盛世的年代，国力充沛，社会安定，蟒袍的制作技术和选材达到了高峰。那时的蟒袍不仅在国内备受尊崇，在海外也引起了不小的关注。但是，随着清朝国势的衰退，蟒袍逐步丧失了它曾经的风采。

（二）蟒袍的款式与特点

清代蟒袍作为古代官服中的典范，其结构设计充满了匠心独运的智慧。其主要样式是"直"，其造型简单、美观，很符合中国传统服装的美学要求。大圆形的款式不仅方便穿戴，而且能显出衣服用者的庄重。这种传统的右衽法，既能反映出中国服装的文化特点，又能使行动更加方便。宽领款的设计，使其更显庄严肃穆，与清朝官吏庄严肃穆的形象相吻合。在清朝，袍袖的造型很有特色，有直袖和马蹄袖之分。简单平滑的直袖子，适用于每天的穿戴。马蹄袖是清朝的一大特色，它的袖子像马蹄一样，不但有很好的装饰作用，而且能带来更多的温暖。蟒袍的领口处、袖口及下摆都镶有缘线，这样的细部设计不但加强了服装的层次，而且使整个衣服显得更为立体。清朝的蟒袍在服装的长度上，很好地兼顾了衣服用者的社会地位与实际需要。一般而言，蟒袍的衣长及足踝，这样的长度可以让穿着者在走路时不会拖拽地面，从而保证衣服的整齐，同时显示了穿戴者的高贵身份。在清朝各个阶段，蟒袍的长度也发生了一些改变。在古代，蟒袍的服色比较长，以求庄严肃穆；而在后期，由于社会风尚的改变，蟒袍的长度也随之减少，以便穿着。清朝的蟒袍腰部是一种松垮的款式，其构思和清朝的官学习俗有很大的关系。腰部的宽大并不凸显人体的线条，让穿着者在行礼、跪拜等公务活动中更加自由，而不会被衣服所拘束。它是清朝服装中实用和礼仪相统一的产物。宽大的腰部也可以掩盖身体上的缺点，让每个人都能穿上蟒袍。另外，清朝的蟒袍腰部图案也是一种象征性的装饰。宽腰带寓含胸襟开阔、海纳百川之意，体现了清朝统治者对官吏道德品质的要求；而宽松的腰部又反映出清朝服装的美学特征，在端庄的基础上，寻求一种自然舒适的穿着感受。这一思想深刻地影响着后代的服装,在很多传统服装中仍然可以找到它的身影。清朝的蟒袍造型,不仅反映了古人的服装美学特征,而且适应了当时宫廷典礼的需要。大襟与马蹄袖的形制,到足尖的衣长与宽大的腰部,形成了清朝蟒袍特有的风格,是中国古老服装文化的宝贵财富。

在纹饰设计上,蟒袍以蟒形图案为核心,该图案实为龙纹的变种,代表着祥瑞与权力。随着官员品级的提升,蟒纹的数量相应增加,形态越发似龙,这种设计手法直接映射了官员的官阶高低。伴随的纹饰还有云彩纹、波浪纹、长寿纹和八宝图等,它们富含着吉祥如意、延年益寿、安宁康泰的美好寓意,增添了蟒袍的美观度,提升了其艺术内涵。图案布局井然,蟒纹遍布衣身前后及两侧,辅助纹饰巧妙点缀,这样的布局手法彰显了清代官场的层级秩序。

在色彩运用方面,清代蟒袍色彩斑斓,其中明黄色居尊,专供皇室成员穿着,昭示着皇权的无上地位。高级官员多着红色蟒袍,象征着喜庆与吉祥;蓝色蟒袍给人以稳重、庄重的感觉,适合众多官员穿着;绿色蟒袍则代表着生机盎然,常为低级官员所用;紫色蟒袍透露着神秘与高贵,常在特定仪式中展现其独特魅力。

在清代,蟒袍所选用的材质以丝织品为主导,特别是云锦、缂丝以及妆花三种类型最具特色。源自江苏南京的云锦以其繁多的图案、明亮的色调以及厚实的质感而备受瞩目,成为官宦场合中的热门选择。源于江苏苏州的缂丝,继承了传统的织造工艺,以其精致的蟒袍图案和鲜明的立体效果,展现了卓越的艺术水准。至于妆花面料,其色泽斑斓、图案多变、质地轻柔,特别适合在炎热的夏季穿着。

(三) 蟒袍的文化内涵

1. 权力象征

在清朝,蟒袍是一种正式的服饰,它所代表的权力和地位是显而易见的。这既是一种官方的象征,也是一种权威的外在表现。蟒袍上的蟒纹系,是一种特殊的民族标志,将“龙”与“蛇”的柔和完美地结合在一起,形成了清朝政权的一种重要标志。蟒蛇图案是蟒蛇长袍的主要组成部分,它的设计以龙的图案为基础。在中国的传统文化里,“龙”是一种权力与尊严的象征。蟒蛇图案虽然没有龙的霸气,但独特的线条美感和流线型,让蟒蛇长袍在彰显力量的同时，也保持了飘逸和灵活。这样的服装造型，不仅显示出清朝统治者对官吏权力的充分认可，而且显示出当时服装的高度艺术水平。身着蟒袍的大臣，用他们身上的蟒蛇图案，沉默地宣示着他们的身份与权势。在封建阶级的社会里，蟒袍是一种自我说明的象征。穿着龙袍的官吏，不论是在朝中，还是在百姓中行走，都会引起臣民的尊敬。这一尊敬不仅体现在对官吏个体的尊敬上，更体现在对封建阶级的确认上。蟒袍的权力符号也表现在它对穿着环境的要求很高。在清朝，各级官吏在某些场合都要穿戴与之相称的官服，而不能越界。这样的制度，使蟒袍作为一种权力的符号，在民众中得到了广泛的认同，并在当时形成了维持社会治安的一个重要因素。另外，蟒袍的制造技术与材料也是一种权力的象征。蟒袍一般选用高级布料，如丝绸、缎子等，做工精细，绣花精细。这样不但显示了清朝官员的地位，而且也显示了穿着的人身份的高贵。长袍上的每一根丝线，都是匠人的汗水和身份的象征。

2. 审美观念

清朝的蟒袍是中国传统服装艺术中的一朵奇葩，它的美学意义是毋庸置疑的。在清朝，蟒袍既是社会地位的标志，也体现了特殊的美学思想。它以其鲜艳的颜色和复杂的装饰，显示出清朝服装的华美和庄严。首先，在用色方面，清朝的蟒袍大量使用了红色、蓝色和绿色等鲜亮的色彩，各种颜色交错在一起，给人以极强的视觉冲击力。这样的颜色组合，既反映出清朝权贵的豪华气派，又反映出中国人对更好的生活的渴望与追求。另外，丰富的颜色又给蟒袍图案以更大的发挥余地。其次，清朝的蟒袍在装饰图案上有独到的见解。装饰以巨蟒为主，配以云纹、花卉、大海、江崖等花纹，寓意吉祥、富贵、长寿。图案以优美的线条、严密的构图、复杂而不混乱的特点，显示出清朝匠人精湛的工艺水平。另外，它在造型上也很注意匀称，使整个图案看起来协调一致，体现出中国人的传统美学思想。此外，清朝的蟒袍纹样也很注意服装和身体的美感。蟒袍是一种宽大的长袍，可以遮掩住体型上的瑕疵，也能衬托出人的气质。同时，在领口和袖口等处还进行了细致的绲边处理，增加了服装的立体效果。它反映了清朝"天人合一"的美学思想，也反映出了对人体美感的重视。还有，清朝的蟒袍的生产技术也是一流的。从选材、染色、织造到成品，无不是匠人呕心沥血的结晶。比如，蟒袍的布料大多是丝质，轻薄透气，穿着起来很舒服。与此同时，绸缎的色泽和蟒袍的颜色交相辉映，让整个服装看起来更为耀眼。

3. 民族融合

清朝时期的蟒袍是满汉两个民族在不同历史时期相互融合和冲突的产物，是中国传统服装的一个主要组成部分。在这种"多元合一"的历史过程中，蟒袍的演化就是国家整合的图像。明朝的服装要求简单、宽大、舒服，而清朝的蟒袍则在此之上，将满族的服装要素有机地融入，形成了一种独特的风格。首先，在领形方面，清朝的蟒袍采取满族传统的直领样式，使穿着的人显得更加挺拔和庄重。这样的立领不仅反映出满族服装的一丝不苟，而且还保持着汉服的魅力。其次，清朝的蟒袍对襟图案是满汉两种民族服装相结合的结果。对襟是满族服装的一个特色，也就是前襟的对襟。把它应用于蟒袍设计中，既保留了汉族服装的特点，又具有了满族人的特点。这样的衣襟，不但便于穿戴，而且能显示出主人的尊贵。另外，清朝的蟒袍在纹样、色彩和材料上都表现出一种民族交融的特征。其中，汉族传统的龙、凤、蝙蝠等吉祥纹样，以及满族服饰的云肩和马蹄袖等装饰纹样，都是传统服饰的重要组成部分。在颜色上，清朝的蟒袍兼有汉族服饰的鲜明和满族服饰的稳重及含蓄。在材料方面，蟒袍选用丝绸、缎子等高级布料，不仅表现出汉族精细的手工技艺，而且符合满族人对服装舒适性的要求。清朝蟒袍的种族交融，既有服装自身的特点，也有其独特的时代背景。清朝时期，满汉两个族群在同一地域内相互学习和交流，共同形成了辉煌的中华文明。这一多民族交融的服装，是清朝时期人们和睦相处的标志。

二、外褂

（一）外褂的历史背景

清代官员外褂的产生，需要从清朝的建立说起。1616年，努尔哈赤建立后金；1636年，皇太极改国号为大清；顺治时期清军入关；康熙时期完成全国统一。清朝统治者出于维护统治稳定的目的，颁布了服饰制度严格限制官员所穿的服饰。清代官员服饰同时具备满、汉两族的文化特点，外褂是其中具有代表性的服饰之一。外褂如图1-10所示。在顺治时期，清朝政权已经趋于稳定，开始着手规范官员的服饰，规定官员需要穿军服、朝服以及常服等服饰，其中就包含外褂。此时的外褂是以满族服饰为原型发展而来，具备较为明显的满族特点。在这一时期的外褂，其设计实用、简洁，满族特色非常突出，外褂的形制多层对襟、直深，留出紧窄袖口，骑射和劳动均非常方便。康熙年间，清朝国力已经较为强盛，同时也进一步完善了官员服饰制度。康熙帝详细指出了外褂的颜色、形制以及材质。在此过程中开始将汉族文化元素融入外褂设计中，如使用汉族传统的圆领、对襟设计，具有汉族风格。康熙时期的外褂大多选用缎子、丝绸等高档面料制作，颜色选择主要是黑色和蓝色，展现出官员的威严与稳重。雍正年间，清朝官员服饰制度发展得较为成熟，雍正帝对于外褂的搭配服饰与穿着场合作出了明确规定，在此期间，外褂在一定程度上代表清代官员的身份地位，不同品级官员所穿外褂的图案、材质以及颜色存在一定差异。例如，一品至三品官员穿着红色外褂，体现高贵与权威；四品和五品官员穿蓝色外褂；六品和七品官员穿绿色外褂；八品和九品官员穿青色外褂。这种等级严明的官员服饰制度，使外褂成为清代官场文化的一个重要组成部分。乾隆帝进一步丰富了外褂的图案与纹饰，提升了外褂在清朝官员服饰中的重要程度。在这一时期，外褂材质选用更为严谨，而且会配备蝴蝶、龙凤、蝙蝠等吉祥图案。这些图案不仅象征着吉祥，还呈现了清代官员对美好生活的追求。

图 1-10　外褂

（二）外褂的款式与特点

清代官员外褂袖子大多设计为马蹄袖，此种袖子最显著的特点是存在宽大的袖口，与马蹄形状相同。马蹄袖设计不但展现了清代服饰的审美特点，在实际穿着时也拥有非常高的实用性。官员在穿着时，能够在宽松的袖中容纳双手，此种动作在古代也是一种礼仪，可以体现出官员的威严与庄重。马蹄袖的长度大多从手腕延伸至肘部，不仅可便利地完成各种活动，而且不会损害官服的严肃性。在袖口处大多存在束带，官员可以按照自身的穿着习惯与体型而合理调整袖口的宽松程度，以保证达到理想的穿着效果。清代官员外褂大多采取对襟设计，其继承了传统汉服元素。对襟简单理解就是前襟对称，左右两片衣襟完全相同，给人以简洁大方的感觉，在穿着时非常便利。对襟外褂拥有非常强的保暖性能，四季皆可穿着。外褂多设计为圆领领口，领位 3~4 厘米高度，此种设计不但能帮助颈部阻挡风寒，而且能够保证颈部活动自由。领口处大多会设置领扣，使用金属、玉石等制作领扣，既可以完成衣襟的固定，又可以进一步提升外褂美观性。清代官员外褂大多设计为直筒型腰身，相对来说较为宽松，不会对穿着者身体形成约束。这也决定了外褂可以适合不同体形的人穿着，并且将身体缺陷遮挡住，呈现出官员的稳重。部分外观的开衩会达到腰部两侧，能有效满足官员日常行动需求，无论是行走还是骑马均非常方便。在大多情况下，外褂开衩高度为 20~30 厘米，衩口处会织绣精美的图案，兼顾了外褂的美观性与严肃性。清代官员外褂的下摆设计也存在一定特色，主要以方形或圆形为主，长度延伸至膝盖以下。此种下摆设计不但增强了外褂的保暖性，而且不会对官员活动形成约束。下摆两侧开衩与腰部开衩相呼应，形成一个更为和谐的外褂整体。部分外褂会将绣花或织锦等图案织绣在下摆处，相关图案与领口、袖口等处的图案风格相同，实现了视觉上的统一，在提高外观美观性的同时，保证官员服饰的艺术感与层次感。

清代官员外褂使用的面料较为讲究，与季节变化息息相关，而且可以反映出官员的地位与品级。清代官员外褂中最常用、最显赫的面料是织锦，其拥有丰富的色彩、厚重的质地以及多样的图案，是清代先进织造工艺的体现。织锦面料主要分为绒面与缎面两类。绒面织锦带给人柔软的手感，且在保暖方面表现较好，多在寒冷的地区使用，其绒感让外褂看上去更加奢华。缎面具有亮丽的光泽和光滑的质感，在制作高级官员冬季外褂时应用广泛，可展现出官员的贵气与庄重。织锦面料上大多会绣云纹、龙凤、蝙蝠等吉祥图案，这些图案均需要使用复杂的织造工艺，需要丰富的经验和高超的技术。清代官员外褂中也会使用绢质面料，主要是制作夏季官服时使用。绢面料具备吸湿排汗、轻薄透气等特点，在炎热的夏季穿着也非常舒适。绢面外褂大多会配备较为简洁的图案，使用清新淡雅的颜色，较为常见的为兰花、竹子等植物图案，配备的几何线条也较为简单，不但能展现文人的清高，还能呈现官员的稳重。绢质外褂拥有较为柔软的质地，穿着时较为舒适，是官员夏季常服的首选。纱质面料具备非常好的透气性与透光性，同样属于官员夏季外褂的常用材料。纱面料凉爽轻盈，在穿着时身体几乎感觉不到负担，在夏季高温多湿的气候中非常适宜穿着。纱面外褂大多配备几何纹样的图案，如波浪纹、菱形以及方形等，配以淡雅的色彩，低调且精致。纱质外褂在确保官员体面的同时兼顾了穿着的舒适度。除此之外，清代官员外褂还会使用绸、绫、罗等材质，这些面料特点各异，可以适应不同的场合与季节，为官员提供多样化选择。

清代官员外褂颜色也是封建等级制度的重要体现，不同颜色代表着不同的身份与官阶。皇帝作为国家最高统治者，其外褂颜色为明黄色，这种颜色在中国传统文化中象征着至高无上的权力和尊贵，明黄色是皇帝专属的颜色，任何其他官员不得僭越使用；亲王穿着金黄色的外褂，此种颜色仅次于明黄色，同样是高贵身份与地位的体现，展现了亲王的尊荣；郡王穿着枣红色的外褂，此种颜色具有力量感与沉稳感，同样象征着郡王的权威与地位；贝勒穿着深紫色外褂，在古代紫色被视为高贵而神秘的颜色，深紫色更是代表着权威与尊贵；贝子穿着浅紫色外褂，与深紫色相比浅紫色显得更加柔和，但同样展现着贵族的尊贵气质；公侯在清代贵族中属于高级爵位，穿着蓝色外褂，蓝色代表着忠诚和稳重，象征着公侯的身份；伯在清代贵族中属于中级爵位，其穿着绿色外褂，代表着希望与生机，展现了伯的作用与地位；子男在清代贵族中属于低级爵位，其穿着粉色外褂，兼顾了柔和及贵气，与年轻贵族身份相符；三级以上官员穿着浅蓝色外褂，此种颜色高贵而清雅，象征着高级官员的身份；四品至六品官员穿着深蓝色外褂，深蓝色较为沉稳，体现了官员的官阶与责任；七品至九品官员穿着黑色外褂，黑色展现的是稳重和严肃，属于低级官员服饰常用颜色。

清代官员外褂图案设计同样具备丰富的吉祥寓意与文化内涵，所有图案都代表着特定的身份与意义。龙纹是中国古代文化中的图腾，代表着至高无上的皇权，所以只有皇帝以及亲王级别的皇室成员的外褂上才会织绣龙纹。龙纹复杂多变且形象威严，展现了使用者的尊贵地位与权力。狮子纹代表着威猛，大多会在高级官员的外褂上使用，象征着力量与权威。使用狮子纹，除可使外褂拥有更强视觉冲击力外，还展现了官员的领导地位。蝙蝠纹，由于"蝠"与"福"谐音，因此其寓意着福气，从而被广泛应用在各级官员外褂上。蝙蝠纹同样存在多种形式，具体可以分为具象的图案描绘与抽象的线条勾勒。蝴蝶纹有着"福寿双全"的寓意，大多在中低级官员外褂上使用，蝴蝶纹美丽且轻盈，不仅能够使外褂拥有更高的观赏性，还能展现出对美好生活的向往。云纹代表着高升与如意，在清代官员外褂中同样属于较为常见的图案。云纹具备飘逸感和流动性，增强了外褂的层次感与生动性，而且寄托了官员对职业生涯顺利升迁的美好愿望。通过运用这些图案，不但呈现了清朝官员服饰的等级差别，还体现了对传统吉祥文化的传承。借助这些具有不同寓意的图案，清代官员外褂发展成具备文化性和技术性的艺术品。

（三）外褂的文化内涵

外褂拥有丰富且深远的文化内涵，除是一种服饰外，更是一种文化符号，承载着清代社会的价值取向、等级秩序以及审美观念，其具体文化内涵如下：

1. 呈现了封建等级制度

首先，在清代社会中，外褂扮演着重要角色，其不但是服饰的一部分，更是封建等级制度的重要标志。在清朝这个遵循儒家思想的封建社会中，等级制度是维护社会稳定和国家秩序的重要手段。外褂的图案、颜色以及材质等都存在较为严格的规定，是这一制度在服饰文化中的具体体现。在清代，不同的外褂颜色拥有着不同的象征意义，展现了官员的官阶与身份。如皇帝会穿着明黄色的外褂。此种色彩分级制度，将外褂发展成一种视觉层面的身份识别系统，人们在远处就能完成官员等级的识别，进而出现心理上的服从。在选用外褂材质方面同样展现了等级差异。皇帝和高级官员都使用织锦等高级面料制作外褂，而且会配备精美的图案与丰富的色彩，展现了其尊贵地位。而中低级官员主要是使用纱、绢等面料，虽然也具备美观性，但相对来说贵气不足。此种材质上的差异，不仅展现了官员的财力，还代表了他们在社会中的位置。在图案方面，外褂上的云纹、龙凤以及蝙蝠等图案均有寓意，同时对使用范围有着严格规定。例如，龙纹是至高无上皇权的象征，穿着者为亲王与皇帝。此种图案的等级划分，将外褂发展成一种权力的象征，其不但是官员地位的体现，而且可发挥出教化与震慑的作用。等级分明的外褂设计，决定了其在清代社会中占据重要地位。外褂除是一种服饰外，还是维护社会秩序的工具。在外褂的支持下，封建社会中所有人都能知道自身的位置，确定如何与不同等级的人相处，使社会矛盾得到一定的缓解。

2. 外褂融合了满汉文化

外褂也是满汉文化融合的载体，这也是清朝服饰文化的显著特征。在清朝统治下，为了保证政权稳定和民族和谐，满族统治者在保留自身文化传统的基础上，主动融合了汉族的文化元素，在这一文化融合过程中外褂属于典型代表。外褂是在满族传统服饰的前提下发展而来，满族作为一个骑射民族，其服饰注重简洁性与实用性。满族传统服饰的特点是宽松、直身，穿着外褂骑马与活动也非常方便。在清朝建立后，外褂依旧保留着这些特点，被裁剪成宽松的版型，确保官员在穿着时不但能保持仪态，还能满足日常办公需求。根据实际情况可知，清代外褂并非只是满族传统服饰的简单复制，而是在满族传统服饰的前提下融入了汉族传统服饰中的常见元素。例如，外褂使用的圆领设计属于常见的汉族传统服饰元素。圆领代表着天圆地方的传统宇宙观，展现了汉族文化的圆满与和谐。而且，外褂的对襟设计也是汉族服饰的显著特点，呈现的是对称感与秩序美，符合汉族文化中的中庸之道。清代官员外褂的图案与材质方面同样反映了满汉文化融合。满族人尊重大自然，所以在材料方面，外褂多使用天然的丝绸和棉布，这也符合汉族人对服装的要求。而在纹饰方面，外褂不仅采用了龙凤蝙蝠等兽纹，还采用了传统的云纹、莲花和宝象等吉祥花纹。各种纹样的交融，不但使外褂的造型更加美观，而且反映出人民对更好生活的渴望。另外，外褂颜色的选择也反映出满族与汉族文化的融合。满族的颜色鲜艳，对比强烈；汉族的颜色比较柔和，比较保守。两种颜色在清代官员外褂的款式上进行了有机的融合，不仅保留了满族人的豪爽，也保留了汉族人的优雅。

3. 外褂作为一种服饰，其深层的文化内涵体现在它所承载的吉祥寓意上

清朝时期，官员所穿的外褂，其上的纹饰远不止美观那么简单，它们蕴含着深厚的文化内涵，寄托了对美满生活的向往以及对国运昌盛的祈愿。那些绣有龙凤的外褂，无疑是最具吉祥意味的象征。龙，作为民族图腾，象征着权威

与尊崇；凤则代表着美好与和谐。龙凤相拥的图案，既映射了官员对国家兴旺的憧憬，也昭示了他们对自身职责的认同和对皇权的忠心。这些图案使外褂不仅是衣物，更是精神象征，承载着对国家安定、政权稳固的祈愿。同样地，蝙蝠图案也是清代外褂中常见的元素，"蝠"与"福"同音，意味着福气满堂、康宁幸福。这种图案的流行，映射了当时社会对美好生活的渴望和对仕途顺利的期盼。官员身着绘有蝙蝠的外褂，既表达了对个人及家庭幸福的祝愿，也透露了对国家富强的祈望。云纹图案也广受欢迎，其象征着上升和顺遂，其轻盈流畅的线条不仅增添了外褂的美观，也寓意着官员职场上的畅顺与进步。云纹的使用，体现了清代社会对吉祥符号的重视，以及对个人成就及社会地位的追求。这些图案的细腻设计与应用，不仅展现了外褂制作工艺的精湛，也映射了清代对吉祥文化传统的继承与发展。在等级分明的封建体系下，这些图案成为了官员传达情感与愿景的重要媒介。它们不仅美化了外褂，更赋予了外褂以文化和精神价值，使其成为一件件富有象征意义的艺术品。

4. 彰显官员的品德与修养

在清朝的官服体系中，外褂不仅是身份的标志，更是个人品德与修为的显著象征。该时期，官服的设计理念着重于简练与庄重的结合，外褂作为其关键元素，也秉承了这一设计思想。外褂的设计简洁却不失精致，其轮廓顺畅、裁剪合体，避免了多余的修饰，这样的设计风格恰好映射了官员勤勉节俭、摒弃浮华的行事风格。在清朝，官员被寄望于以身作则，官服的简约正是其自律清廉的表现。外褂所散发的庄重气息，通过其精致的色彩搭配和有序的图案布局，映射出官员沉稳而庄重的品格，这是封建社会对官员素质的根本要求。同时，外褂的设计也凸显了官员对国家及民族的责任意识。在封建时期，官员被看作国家的支柱，他们的行为、着装均应与国家形象和民族尊严相契合。外褂的庄重与严谨，既是官员个人形象塑造的需要，也是维护国家和民族形象的手段。官员身着外褂，无声地展现了对国家的忠诚和对民族的担当。另外，外褂所选用的材质和制作工艺同样透露出官员的内在修养。清代官员的外褂常选用优质面料，如丝绸、缎面等，这些面料不仅质地舒适，便于保养，也反映了官员的生活品质和对细节的注重。而精细的制作工艺，是官员内在修为的外化，它要求官员在日常生活中注重礼节，保持内心的平和与外表的整洁。

三、补服

（一）补服的历史背景

清朝官吏所用的补服，又称补褂，外褂，前方有各缀有一块"补子"，具有极其重要的政治含义和文化含义，其渊源可追溯至明代，在清代又有了更深层次的发展，是中国封建制度由盛转衰的历史见证。明代的官服制度已经比较完善，分为朝服、公服和常服三个部分。"补子"是官袍正面、背面镶边的一种方布，上面刺绣各种鸟兽图案，以此区别各级官吏。清王朝时期，尽管在政治文化等多个层面都承袭了明代的许多体制，但其服装体系却并未因此而改变，而是将满族独有的服装文化，如旗袍、马蹄袖等，赋予了其独有的风格。

清代是满族统治下的一个朝代，服装文化具有明显的本民族特征。清代统治者在保持明代官袍的基本式样的同时，对其进行了一定程度的变革，以加强其政治统治和推动满汉间的文化交往。清朝官吏的补服是封建阶级的体现，对维持统治者地位和体现尊卑秩序具有重大意义。补服上的鸟兽花纹，既是官阶的标志，又是其社会地位的标志，此一层次分明的表现在清朝的官服上，是清朝的一种特殊的政治文化现象。

清朝官吏补服制的演进，大致可分为几个时期。顺治时期，清代的官服体系已基本建立，顺治帝参考明代的官服，统一了官吏的服装。这时，补服已逐渐成为官阶的标志，虽然式样和材料不够完美。康熙年间，康熙帝在服装上做了一些改动，加入了一些动物，将服装的档次进行了细化，并对服装的材料和颜色进行了详细的说明。雍正朝时，对朝服进行了一次重大改革，如雍正皇帝取消了朝服上的补缀，而改用以金银为底的等级标志。这一变革，使补服渐渐淡出了人们的视野。乾隆皇帝对补服的纹样和材料进行了不断的改良，使补服的发展到达顶峰。咸丰之后，由于清朝国力的衰退，官服体系出现了紊乱，补服样式、面料等方面的条文已不那么严谨，官吏的服装也出现了多样化，这是古代服装文化发生变化、封建时代走向衰亡的重要表现。

（二）补服的款式与特点

清代官员的补服以肃穆古雅为设计宗旨，其剪裁为宽松直身款式，既适应了各式体型的穿着需求，也保证了穿着时的舒适与实用。衣身构造精细，圆领与对开式的前襟显得朴素而雅致，前片的对称结构映射了中和之美的审美观。两旁开衩的设计既方便活动，又赋予服饰以活力。宽大的袖子让人穿着时更显自在，而衣摆超过膝盖的长度，彰显了其庄重与威严。裤装采用直筒造型，裤管宽松，便于官员搭配靴子，同时为整体造型增添了一抹稳重气息。补子作为服饰的灵魂，位于衣胸中央，形状或方或圆，蕴含着深远的象征意义。文武官员的补子图案风格迥异，文官选用禽鸟图案，武官则用走兽图案，这些图案的大小、形态、内容均有明确规范，以标识官员的不同品秩和职位，体现了清代森严的等级差别。纽扣的设计独具匠心，采用金属材质，有圆形和花瓣形两种，颜色与衣裳协调，既固定衣物，又增添了装饰效果。刺绣工艺在清代官服上的运用，极大提升了其装饰性。平绣、打籽绣、盘金绣等多种刺绣技法，让图案栩栩如生，绣线色彩如金、银、红、绿等交织，阳光下衣服闪耀着华丽的光芒，展现了清代官服的奢华与当时绣艺的精湛。

清朝时期，官员的补服图案设计独具匠心，文武官员的补服图案风格迥异，既彰显了官阶的高低，又具有丰富的文化象征和吉祥寓意。文官的补子以飞禽为图案，这些飞鸟不仅代表文官的身份，也象征着他们的德行与才智。自一品至九品，依次采用仙鹤、锦鸡、孔雀、云雁、白鹇、鹭鸶、鸂鶒、鹌鹑、练鹊为图案，各具深意。如一品官员的仙鹤，代表长寿与纯洁，彰显文官的廉洁公正；锦鸡象征吉祥与智慧，展现了文官的学识与才干；孔雀寓意着尊贵与美貌，是对文官品德的高度颂扬。这些飞禽图案既凸显了文官的谦逊儒雅，也传达对其高尚品德的期许。而武官的补子则以走兽为图案，彰显了武官的勇武与忠诚。自一品至九品，图案分别为麒麟、狮、豹、虎、熊、彪、犀牛、海马，各具象征意义。麒麟作为一品武官的标志，不仅代表吉祥与仁慈，也象征着武官的尊贵与威严；狮子寓意权威与力量，反映了武官的领导风范；虎、豹等猛兽图案，则直观地展现了武官的勇猛与力量。这些走兽图案的设计，不仅仅是为了彰显武将的勇武，更是为了彰显他们对保家卫国的忠心。总体来看，清朝官袍上的花纹，是通过文武动物纹样的变化，以达到表达官阶与职司的目的，它反映出中国传统文化中所推崇的吉祥、美丽、威武、雄壮等特质。

清朝补服颜色的使用具有鲜明的特点，体现了当时社会上的人们对服饰的重视程度及等级次序。清朝时，官服的颜色有很高的分级，有四级之分，以示品级高低。另外，皇室服饰的颜色更加独特，仅供皇帝、皇后和皇太后穿着明黄色的补衣，以示皇帝的最高权威。这样的颜色等级体系，既反映了清朝森严的等级界限，又使官吏的服装有了更多的层次和鲜明的民族特色。

清朝官员的补服材料选用十分考究，选用了各种高级布料，如丝绸、缎子、绫罗等，以满足人们的各种需要。丝质的补服，轻薄、透光，很适用于暑天，穿在身上既舒服又清凉，又不失官员的威严。而绸缎补衣质地厚实，表面光滑，保暖效果好，适宜于冬天的严寒穿着，既庄严又华丽。所选择的材料，与服装的色彩、花纹等相互补充，形成了清朝官员服饰的特有风格，体现出当时服装文化的尊贵典雅，注重细节，注重质量。清朝官吏所穿的衣服，由于材料的精心选用，既能达到实际使用的需要，又能在视觉上创造出一种庄重典雅的官气。

（三）补服的文化内涵

1. 等级制度的体现

清朝官吏补服上的补子纹样，是封建时代服装文化中的一种直接反映。该系统对各级官吏所佩戴的补子纹样进行了严格的限定，且文武人员服装上的差别很大，由此在视觉上表现出上下级的差别。在这种制度下，补子的花纹、色彩和尺寸都是精心设计的，反映了帝王的至高无上。在这个体系之下，所有的大臣都要按照自己的规矩办事，绝对不能超过自己的等级，违者就是僭越，要受到严惩。所以，清朝官吏补服上的"补"纹，其实是"天子独尊"这一理念在朝廷中的具体体现，使每个大臣都能清楚地知道自己在朝廷中的地位，不能有一丝一毫的逾越。另外，补服制的层级结构也反映了官吏的升迁动机。官吏为官，就必须尽力为国服务，这样才能得到更高的官阶，因而才能穿戴更高级的官服，这对他们的忠心与办事能力是大有帮助的。总而言之，清朝官服上的补子纹样，因其特有的文化意蕴与符号，是封建时代阶级统治的最直接证据，它鲜明地反映了"帝王之道"的精神内涵。

2. 儒家文化的象征

清朝官服的补子纹样多为儒家文化符号，其纹饰既有装饰性，又有儒学思想的表现。文人画中的仙鹤、锦鸡、孔雀等，都蕴含着孔子的仁爱、智慧和高雅的思想。鹤是一种长寿、高贵的形象，符合了儒家所提倡的"仁""义"的品格。锦鸡华美的翎羽，是文人墨客的一种表现，它反映出孔子注重学问、注重文学的思想。而在孔雀身上，人们把它看作祥瑞、聪明的象征，因为它在展开翅膀的时候非常漂亮。而用于武将的动物，如麒麟、狮子、豹，象征着忠诚、勇敢、坚强。麒麟是孔子所认为的"仁爱之物"，是一种"福""力"的象征，也是孔子崇尚"忠""勇"的表现。狮子身为万兽之王，是权力的象征，符合孔子所崇尚的勇敢与坚毅。豹子是一种以速度和力气闻名的动物，它体现了孔子对将军智慧与勇气的期待。这种纹样的选用，既符合当时官吏自身品格的需要，又能发扬儒家的核心价值。通过这些符号，清朝的官衣不再只是一种身份的符号，而是一种文化的传承与价值的表现。这也是孔子所期望的，这一文化意蕴的融合，使其作为一种特有的文化标志，对清朝及以后的服装及社会价值观念产生了深远的影响。

3. 政治功能的体现

"补衣"既是官吏地位的直观表征，也是宫廷对官吏实施有效管理与控制的一种主要方式。通过精细的花纹、色彩和材料，清楚地区分出各级官吏的级别，让人一眼就能看出他们的地位和权限。如此直观的层级关系，有利于加强宫廷的权力，维持封建时代的等级秩序。另外，服饰制度对官吏的行为也有一定的制约意义，使官吏在平时的工作中能随时记住自己的位置与责任，而不能松懈。补服的颁发与替换使官府能够及时了解官吏的变化，以便更好地进行人员管理。因此，补服在清代政治生活中占有重要地位，它不仅反映出朝廷对官吏的关心和关注，而且反映出封建时代的等级观念。

第三节　民国及之后的满族服饰

清朝灭亡后，曾经辉煌一时的清代宫廷服饰逐渐淡出了历史舞台，但长袍、马褂、旗袍以及坎肩等满族服饰元素却被保留了下来，并在民国时期得到了广泛发展与传播，逐渐成为中国传统服饰文化的重要组成部分。长袍是满族男子的传统服饰，具有简约而不失庄重的风格，长期以来深受人们的喜爱。在民国时期，长袍经过改良，不仅保留了其本身的宽松舒适，同时融入了一些西方服饰中的现代元素，更加符合当时人们的审美需求，成为男士的日常主要穿着之一（见图1-11）。马褂则是满族男子在正式场合所穿的一种短上衣。民国时期，马褂同样经历了改良，在颜色、图案等方面进行了创新，使其从满族男子的专属服饰逐渐转变为一种能够普遍适用的服饰，深受社会各界人士的喜爱（见图1-12）；坎肩主要作为一种轻便的保暖服饰，具有不同款式，能够搭配不同类型的衣服（见图1-13），因此得到了广泛欢迎。

图1-11　民国时期长袍

图1-12　民国时期长袍马褂

图 1-13　民国时期坎肩

在所有的满族服饰中，旗袍是最具代表性且最为人熟知的一种，现已成为中国文化的典型代表。旗袍源于满族的传统旗袍，经过历史的演变和文化的交融，其表现形式也发生了一定变化。民国初期，旗袍的款式带有明显的晚清满族女装风格，袍身较为宽松且下摆较大，但没有了烦琐复杂的花边，仅在袖口和下摆处有一些简单的装饰。图案上多采用牡丹、菊花等传统花卉图案，部分旗袍还配有凤凰、蝴蝶等动物图案，寓意着吉祥、富贵与高雅。

1914 年，上海兴起了一种改良的满族旗袍，即所谓的"海派旗袍"，其充分融合了传统与现代的元素，并在裁剪上进行了创新，赢得了广大女性的青睐，并迅速席卷全国。然而，由于当时的社会正处于新旧交替的变革时期，人们的情绪普遍较为压抑，这种情绪也反映在了旗袍的色彩选择上。因此，旗袍的颜色多以冷色系为主，如深蓝、墨绿等，给人以一种沉稳而略显灰暗的感觉。这不仅体现了当时社会的氛围，也形成了旗袍的主要风格。1929 年，民国政府将长身旗袍定位为"国服"。而到 20 世纪三四十年代，随着西方文化和服饰的涌入，旗袍的风格也受到了前所未有的影响。这一时期的旗袍，摆脱了传统服饰制度的束缚，更加注重个性化和时尚感。在图案设计上，既有传统的植物、动物图案，也有新颖的几何图案，但仍以植物图案的运用最为普遍。线条方面讲究简洁流畅，用色强调单纯淡雅，既保留了传统图案的韵味，又融入了现代设计的简约之美。而仙鹤、凤凰等动物图案则常与植物图案、云纹等组合使用，多用于民国早期的裙、上衣、旗袍等。然而，随着时代的变迁，这种风格在民国后期逐渐式微，取而代之的是更加简洁明快的图案设计。同时，民国旗袍中还出现了文字图案，如寿字纹等，这些图案不仅具有装饰性，更蕴含了深厚的文化内涵和吉祥寓意。此外，条格图案也是旗袍中的常见元素之一，其特点在于线条和色彩的简洁性，为旗袍增添了现代感。自民国以来，旗袍就成为展现女性优雅与美丽的典范。旗袍之美，在于其剪裁得体、线条流畅，能够巧妙地勾勒出女性的身姿，展现出女性的曲线美。这一创新性的设计理念打破了传统服饰对于女性身体的束缚，让女性能够更加自信地展示自我，这在中国女性服装的历史上无疑是一次具有划时代意义的转折。如图 1-14～图 1-16 所示。

图 1-14　蓝地彩印花罗夹旗袍（20 世纪 20 年代中期）

图 1-15 20 世纪 40 年代旗袍

图 1-16 20 世纪 40 年代花卉旗袍

自 20 世纪 50 年代起，由于社会环境的变迁和人们审美观念的变化，旗袍在我国内地的流行趋势开始逐渐减缓，这一状态持续了 30 年之久。但在港澳台地区，海派旗袍却受到了广泛推崇。20 世纪五六十年代，在吸收海派旗袍特点的基础上，形成了一种设计更加前卫和大胆的香港旗袍。相较于传统旗袍，香港旗袍在剪裁与设计上更加注重展现女性的曲线美与性感魅力，开衩设计被提升到了更高的位置，腰身则被设计得更加纤细，裙摆也变得更短，更符合现代女性的审美需求。这些设计元素在影视剧中也有所体现，并进一步推动了旗袍设计的创新发展。在这一时期，更多款式夸张的旗袍不断涌现，并对国际时尚界产生了深远影响。到 20 世纪 80 年代，随着改革开放的推进，我国服饰领域也迎来了前所未有的变革，服饰的个性化特点不断突出。在此背景下，旗袍等传统服饰再次焕发出新的生机。新时期的旗袍在色彩运用方面更强调多元化，而不是局限于单一的色调，同时融入了更多现代审美元素。这一变化不仅反映了社会生产力的快速发展和人们生活水平的显著提高，更体现了现代人在审美追求方面的变化。现在，旗袍已经成为中青年妇女在重要场合的首选礼服，并作为中国国服延续至今。

回顾满族服饰色彩的发展历史，可以看出一条由单一到丰富、由简单到精致的演变轨迹。根据相关文献记载和现存的旗袍实物可以看出，满族先祖的审美偏向于淡雅的蓝白色，同时也会运用红、黄、黑等色彩。自清晚期至辛亥革命以来，由于社会环境的变迁和审美观念的变化，人们更加注重色彩应用的精致度和协调性。在此过程中，满族人民不断去其糟粕、取其精华，将优秀的色彩元素融入自己的服饰文化中，形成了独具特色的民族色彩体系，从而更加凸显了满族服饰的高贵与典雅气质。

第四节　满族宫廷配饰

挹娄族属于肃慎族后裔，其服饰与发型承载深厚的历史文化内涵。据《后汉书》中《挹娄传》所载，该族群主要从事五谷种植，制作麻布服饰，并以开采出的赤玉作为装饰。到靺鞨时期，以野猪牙和野鸡尾为头饰的风尚开始流行，该习俗在《新唐书》的《黑水靺鞨》篇章中有明确记载，相关史料揭示出其特有的编发技艺及以野生动物制品装饰冠冕的传统，其主要通过相关传统彰显部落的独特性。渤海国主要由粟末靺鞨建立，作为满族先民首个民族政权，其为后续金国与清朝建立奠定了坚实的基础，渤海国的服饰与配饰风格也对后续两个政权时期产生深远的影响。考古资料显示，渤海国时期的配饰对中原文化元素进行充分吸收，并引入珠宝金饰。金代后，女真族男性偏好于双耳佩戴金银耳环，其配饰主要涵盖腰带（也称吐鹘）、头巾（幞头）和乌皮靴。腰带镶嵌材质因社会等级存在一定差异，主要包括玉、金、犀象、骨角等，该特点在山西繁峙县和河南焦作的金墓壁画及出土文物中得到充分印证。头巾主要采用皂罗或纱制成，继承宋代头巾风格。而鞋履方面，金代人主要穿着乌皮靴，此在描绘金代服饰的历史中均有展现。金代女性偏爱金、珠玉首饰，主要佩戴羔皮帽，但普通女性受身份等级限制，不得佩戴如珠翠钿子等贵重饰品。

清代宫廷的配饰以其原料丰富多样而著称，主要涵盖竹、木、藤、羽毛、兽骨、海贝、珊瑚等海洋生物制品，以及皮毛、丝绸和金、银、铜、铁、玉石、珍珠、琥珀、玛瑙、翡翠等多种材质。

一、头饰

头饰作为覆盖并装饰头部的精致艺术品，在众多民族饰品文化中占据核心地位。其不仅作为饰品中最为关键且种类繁多的组成部分，同时属于具备鲜明文化象征意义的符号。在清朝时期，满族头饰以显著的民族特色而独树一帜，如图1-17与图1-18所示。

耳饰作为头饰关键组成部分，是满族配饰文化的重要标志之一。通过对相关文献资料与文物进行分析，满族耳饰可细分为耳坠与耳环两种。耳环主要以金属材质的环形设计著称；耳坠则在耳环基础上增添悬挂的坠子，以此形成更为复杂的装饰。坠子上半部保留耳环的圆形，下半部悬挂精美的一枚或多组坠饰。清代时期，从尊贵的皇太后到品级较低的七品命妇，均需遵循独特的耳饰佩戴传统——"一耳三钳"，如图1-19所示。此传统要求女性在每只耳朵自

图 1-17　嵌珠翠花蝶耳挖钗

图 1-18　银点翠嵌珍珠蝙蝠簪

图1-19 孝昭仁皇后的"一耳三钳"

上而下打三个耳洞，并佩戴三枚纵向排列耳饰。清代官方规定的耳饰，其等级以及身份的象征主要体现在镶嵌的东珠等级及饰物精美程度方面。最为尊贵的皇后与皇太后所佩戴的耳饰，左右各三枚，各枚均由金龙（饰以金紫丝龙头）衔两颗一等东珠组成；皇贵妃的耳饰则选用二等东珠，其余部分规制与皇后相同；妃子耳饰采用三等东珠；嫔的耳饰选用四等东珠。而皇子福晋的耳饰不用金龙衔东珠，而使用金云衔珠，每枚耳饰各衔两枚东珠。其余贵族女子耳饰与皇子福晋相同。东珠等级主要依据大小以及光泽度划分。然而至清朝中后期，"一耳三钳"传统开始发生变化。原本每只耳朵佩戴三枚耳饰的习俗逐渐演变为"一耳一钳"或"一耳三环"，即每只耳朵上只打一个耳洞。该变化主要体现在耳饰形式方面。尽管乾隆帝曾明确表示"旗妇一耳带三钳，原系满洲旧风，断不可改饰"，但历史潮流难以阻挡。从故宫所珍藏的绘画作品中可清晰观察到满族耳饰发展变化脉络。该变化很大程度上受到其他民族风俗的影响。历史上的民族间相互融合是自然规律结果，由历史发展必然性决定，而非个人主观意志所能左右。各民族历史和文化本身均在不断变化中，均受到变化法则支配。该变化不仅体现在服饰和配饰方面，同时深刻地体现在各民族文化交流以及融合之中。

清代后宫妃嫔及命妇所佩戴的金约，作为朝服的装饰品，不仅在设计方面体现出工匠的精湛技艺，在功能方面也具备重要社会意义。金约通常镶嵌于朝冠下檐，呈圆形，外观与现代发夹较为类似，但其上所镶嵌珠宝远超现代发夹装饰效果。相关珠宝不仅可增加金约的美观性，同时是佩戴者身份与地位的象征，金约上精细的镂金云纹、多样化的装饰物以及独特的后系结可以准确地表现出佩戴者的等级与身份。如皇后与皇贵妃的金约在设计上存在一定相似之处，但细节方面有明显差异。皇后的金约上精心雕刻有 13 朵金云，各朵金云间镶嵌东珠，并以青金石与红片金的装饰来彰显皇后身份的华贵。金约后部则系有金制绿松石结，串珠下垂，其上共嵌有东珠 324 颗，排列成五行三就，每行均点缀一颗大珍珠，以此显著增强金约的光辉。中间位置的两个金制青金石结，各镶嵌东珠和珍珠八颗，末端以珊瑚进行装饰，更显尊贵与华丽。皇贵妃的金约上金云数目为 12 朵，饰物间以珊瑚为间隔，所镶嵌珍珠数量则减少至 204 颗，以三行三就形式排列，彰显其独特的身份与地位。无论是皇太后还是七品命妇，其所佩戴的金约均以红色片金织物为内衬，同时在颈后垂挂珠饰，此不仅可提升其尊贵气质，同时使其在朝服中更为突出。

在满族八旗贵族妇女生活中，头饰佩戴属于深奥的学问。在日常生活中梳起旗头，而在穿着朝服或吉服时，其则分别佩戴于庄重的朝冠或吉服冠之上。此外，满族头饰中还设计有专门在穿着彩服时佩戴的头饰——钿子。

钿子作为一种装饰华丽的彩冠，以其独特的设计吸引众多目光。钿子的前部华丽繁复，后部则主要呈簸箕形，整体呈现出上穹下广的独特造型。钿子骨架通常由铁丝或藤条编织而成，外部以皂纱、黑绸或线网等材料覆盖，以此增加钿子的坚固性以及耐用性。部分钿子还会使用黑绒或缎条进行装饰，以此增添奢华与高贵感。钿子前后两面以精美的点翠珠石进行装饰，珠宝会在光线照射下熠熠生辉，使钿子在佩戴时更显华美。同时，钿子还会以绫绒、绢花及各类时令鲜花进行装饰，以此进一步提升其华美程度。当钿子戴在头上时，顶部微微向后倾斜，该独特设计使佩戴者显得更加优雅庄重，贵族气质显著。基于材质以及用途差异，钿子可细分为凤钿以及常服钿两种。凤钿材质多样且较为珍贵，主要材料包括金、玉、红蓝宝石、珍珠、珊瑚、琥珀、玛瑙、绿松石及翠羽等，经过匠人精心雕琢与镶嵌，可确保凤钿更为璀璨夺目。钿花形式较为多样，常见主要有二龙戏珠、花卉蝴蝶、花卉蝙蝠等，主要设计以点翠为底，并利用宝石和花卉装饰，使佩戴者在佩戴钿花时更显光彩照人。部分钿子也会以珍珠流苏为垂饰，前后衔接一排或数排流苏，前排流苏可垂至眼前，增添神秘与灵动；后流苏则垂至背部，使佩戴者背影也显得迷人。此带有流苏的钿子即为"凤钿"，其华美与精致程度令人叹为观止，如图 1-20 所示。而其他钿子则被称为常服钿子，虽装饰较为简单，但仍然不失华美与精致，此特点使得钿子成为满族妇女日常生活中不可或缺的重要配饰之一。可以说，钿子作为明代遗存的冠饰，其在清代满族妇女生活中扮演着举足轻重的角色，不仅可有效增添女性魅力以及气质，同时也是其身份与地位的象征。

图 1-20　金累丝嵌珠五凤钿子

在清代官服体系中，顶戴作为品秩的显著标志，充分凸显出清代与其他历史时期在服饰文化方面的差异。顶戴装饰品俗称为"顶子"，专指清代官员冠顶所镶嵌的宝石，其不仅代表官员身份，同时是地位的象征。基于清代服饰制度严格规定，无论是皇帝还是各级官员，在穿着礼服、吉服或日常服饰时均需在朝冠或吉服冠顶端镶嵌颜色各异的宝石以及纯金饰品，以此作为品官等级重要标识，此既彰显出等级差异，同时可有效体现出皇权威严。顶戴制作材料主要以珍贵宝石为主，且色彩较为多样，如红色、蓝色、白色及金色等。不同材质与色彩的顶戴不仅是装饰层面的区别，也是官职高低的重要区分。通过顶子颜色以及质地，人们可以迅速识别出佩戴者身份与地位，帽顶如图1-21所示。

图 1-21　帽顶

注：依次为皇帝吉服冠顶、文武一品吉服冠顶、料石帽顶。

清代官员身份的一个重要标志是翎子，其可细分为花翎和蓝翎两大类。其中，花翎主要由珍贵的孔雀翎毛制成，因其尾端装饰有如眼睛般璀璨的斑纹，由此得名为"眼"。基于眼的数量，花翎可细分为单眼、双眼和三眼花翎，其中三眼花翎极为稀有。而无眼翎子则称为蓝翎。翎子在实际应用于装饰中，通常巧妙地插入翎管内，翎管长度约两寸，材质主要包括白玉、珐琅或翡翠等，各种材质的翎管不仅用于固定翎子，也增加翎子的装饰价值。清代时期，不同品级官员所佩戴翎子有严格规定。如贝子可佩戴三眼孔雀翎，镇国公、辅国公及和硕额驸则佩戴二眼花翎。内大臣、一等至三等侍卫，以及前锋、护军统领等官员，佩戴一眼花翎。贝勒府司仪长、王府及贝勒府的二等及三等护卫等官员，则佩戴蓝翎。佩戴花翎者通常有特殊身份或卓越功绩，如显赫爵位的高官、皇帝亲近侍从、王府护卫、守卫京城的武职营官、立下战功的将领，或受皇帝特别恩赐的官员。然而需注意的是，在清代初期，花翎极为稀有且珍贵，由此汉人和外任大臣难以获得佩戴资格。随着时间不断推移，花翎赏赐范围逐渐扩大，有军功或文绩者几乎均可获得佩戴花翎的荣誉。尤其是在清代后期，随着捐官现象频繁出现，有意者可通过金钱购买花翎和蓝翎，甚至随意佩戴。

如李鸿章被授予三眼花翎，并赐予方龙补服。曾国藩、曾国荃、左宗棠等同样被授予双眼花翎。尽管如此，花翎和蓝翎作为清代官员身份的重要标志，其中承载了深厚历史文化底蕴，并成为那个时代的独特象征。

二、项饰

项饰也称颈饰，是满族服饰中一种精致的装饰艺术品，主要悬挂于颈部，其中蕴含有丰富的审美情感以及文化意蕴。清代时期的项饰种类较为繁多，其中挂珠与领约尤为突出，其各自以独特的魅力与象征意义在清代社会中占据重要地位。

满族项饰最典型的代表即珠饰，满族发祥地因丰富的东珠资源而闻名遐迩，而东珠即是源自清澈江河中珍稀蚌蛤所产之珠，其具备匀称圆润、晶莹剔透、洁白无瑕等特性，因此备受推崇。东珠尺寸变化丰富，大者可达半寸，小者则细腻如豆粒，堪称珍珠中的极品，享有"珍珠之王"的美誉，是满族服饰文化中的重要装饰品。据《金史·舆服志》记载，金代显贵阶层尤其喜爱将东珠镶嵌于服饰之上，尤其是方顶帽上，实际装饰中会巧妙地以十字缝法嵌入，其中尤以贯穿其间的大珠子最为显赫，其通常被称为"顶珠"。该习俗可彰显佩戴者的高贵身份，反映了当时社会对东珠的珍视程度。女真族长者传承有一种独特习俗，即以"令珠"记录年龄。每逢新春即在胸前增添一珠，象征岁月流逝，到长者离世时，珠子随其下葬，成为对生命历程的深情纪念。明末时期，女真族佩戴珠饰风尚盛行。《建州闻见录》作者申忠一即亲眼见到努尔哈赤闲暇时把玩精美念珠，悠然自得地数珠，此为当时挂珠习俗的真实反映。清朝建立后，为促进珠业繁荣，清廷特设珠轩专职负责采珠管理事务，使朝珠成为清朝礼服中不可或缺的配饰。据《会典》规定，从皇帝、后妃至文官五品、武官四品以上官员，均需佩戴朝珠以示身份。京官、军机处、詹事府、六科给事中、侍卫、礼部、国子监、太常寺、鸿胪寺等机构官员，不论品级均有佩戴朝珠的资格。同时，该佩珠习俗在制度层面也有明确规定，皇帝朝珠由东珠或珍珠制成，皇太后、皇后佩戴东珠和珊瑚朝珠，其他王公大臣则使用珊瑚、玛瑙、象牙、翡翠、蜜蜡、琥珀、碧玺等材料制作的朝珠。此外，皇帝、太后、皇后朝冠上以华丽的三层珠顶装饰，此时珠饰成为皇家威严与尊贵的象征。满族先民在珠饰选择上独具匠心，不仅选用珍贵的东珠，同时会选取鱼瞳仁制作珠子。《册府元龟》有"开元七年，靺鞨部落向朝廷进献鲸鲵鱼眼珠"的记载，《明一统志》同时记载有"女真地区出产鲸睛"，可见鲸睛在当时极为珍贵。《东海沉冤录》中则生动描绘出东海窝集部女真人以鱼睛为佩珠，精心挑选三百颗鱼睛珠作为珍贵贡品献给乌拉王。传说中，鱼睛珠具备预知海潮的神奇功能，且质地温润，使人在炎夏佩戴时也能感受到清凉与舒适。

挂珠作为清代项饰重要组成部分，其种类较为丰富，基于着装场合与身份地位差异，可细分为朝服珠、吉服珠及常服珠等多种类型。其中最为突出的是朝服珠，是清代帝后及大臣在穿着庄重威严的朝服时不可或缺的关键配饰，如图1-22所示。其主要继承我国古代王公贵族佩玉传统，同时巧妙地融入佛教文化元素，其历史渊源可追溯至佛教数珠。朝珠制作材料较为精细，主要采用珍贵的东珠、蜜珀、珊瑚、绿松石、青金石、奇楠香以及菩提子等天然材质。相关材料不仅具备色泽鲜艳、质地优良等特征，同时蕴含丰富的文化寓意与象征意义。在所使用的材料中，东珠最为珍稀，珊瑚次之，其共同构成朝珠主体部分，以彰显出佩戴者的显赫身份与卓越的品位。男女所佩戴朝珠均由108颗珠子串成，该数字在中国传统文化中具备深远寓意，其中代表无尽的圆满与智慧。朝珠悬挂于颈间，垂于胸前，在彰显出庄重典雅气质同时，也可透露出一种超凡脱俗、超凡入圣的风范。朝珠中四颗较大的珠子被称为"佛头"或分珠，其可将108颗珠子均匀地分为四份，分别象征着一年中的四季轮回、十二个月份、二十四节气以及七十二候，寓意时间流转以及自然更迭，其中蕴含人们对自然界的敬畏以及崇拜。而在垂于颈后正中的"佛头"之下，则使用精致的绦子串有一颗名为"背云"的珠子。该颗珠子垂于佩戴者背后，如同背负一片祥云，寓意吉祥如意、步步高升的美好愿望。在"背云"下，则悬挂有一颗小巧精致的坠子，以为朝珠增添几分灵动与韵味，使其更加精美绝伦。此外，朝珠两侧还各悬挂有三串小珠，每串各有十颗小珠，共同被称为"纪念"。此三串小珠寓意一个月中的30天，分为上、中、下三旬，每串小珠均代表其中一旬。该设计不仅使朝珠在细节部分充满丰富的文化内涵以及象征意义，同时展现出清代匠人精湛的技艺与无尽创意。

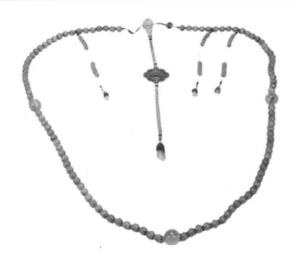

图 1-22 绿松石朝珠

在清代，朝珠佩戴规范存在详尽且严谨的礼仪体系，该体系不仅对佩戴者身份等级进行严格划分，同时将细节控制深入到朝珠材质选择、数量配置以及具体佩戴方式等多个层面。男性朝臣在佩戴朝珠时，无论是皇帝还是文武官员，均需遵循统一规定佩戴一盘朝珠。该统一规定既可彰显皇权的至高无上，也可体现臣子对皇权的忠诚与服从。女性皇室成员的朝珠佩戴规定则更为复杂且讲究。皇太后与皇后所佩戴朝珠极为奢华，其是以珍贵的东珠为核心，胸前正挂一串东珠，两侧斜交插挂两串珊瑚朝珠。朝珠上的佛头、纪念物、背云及大小坠饰均以璀璨珠宝精心制作，熠熠生辉，以此展现皇家风范的尊贵与华丽；皇贵妃、贵妃及妃子的朝珠则主要以蜜珀为主，胸前正挂一串蜜珀，两侧斜交插挂珊瑚朝珠。其朝珠在细节方面也极为讲究，佛头、纪念物、背云及大小坠饰虽以珠宝为装饰，但材质与工艺较为繁复与华丽，以凸显其独特的身份与地位；嫔、亲王福晋、亲王世子福晋、固伦公主、和硕公主、郡王福晋、郡主、县主以及贝勒夫人以下至乡君等女性贵族，其所佩戴朝珠主要以珊瑚为主，胸前正挂一串珊瑚，两侧斜交插挂蜜珀朝珠。嫔的朝珠在佛头、纪念物、背云及大小坠饰上依然以珠宝为饰，以彰显其尊贵身份，而其他女性贵族朝珠更多以杂饰为主，在体现皇家威严与尊贵的同时，又不失其独特韵味与风采；王公侯伯夫人下至五品命妇等女性官员，其所佩戴朝珠相对简单，但仍需遵循严格的礼制规定。其所佩戴朝珠为三盘,珊瑚、青金石、绿松石及蜜珀等质地朝珠随其所用,而佛头、纪念物、背云及大小坠饰等细节则全以杂饰为主,以此在体现其身份与地位的同时,彰显出皇家的礼制之严。此外,清代朝珠质地与佩戴方式因身份不同而存在明显差异,串珠所用绦带颜色也存在明黄色、金黄色和石青色区别,颜色选择与佩戴者身份地位相符,可在无形中传递出皇家的威严与尊贵。该细致入微的礼仪规范,不仅充分展示出清朝皇室对礼制的重视,也体现当时社会的等级森严与尊卑有序。

清代吉服珠是皇室贵族与高阶官员在庆典或吉庆场合所佩戴的服饰配饰,其独特魅力使之成为彰显佩戴者尊贵身份的重要象征。相较于朝服珠,吉服珠在佩戴制度方面差异显著。男女皆佩戴单串吉服珠,需正中悬挂于胸前,此独特佩戴方式不仅可显现出佩戴者的地位,同时也可体现出清代皇室及官员对服饰礼仪的严谨态度。吉服珠所用的挂绳即为绦带,色彩选择同样较为考究,其主要分为明黄色、金黄色和石青色。不同色彩可为佩饰增添视觉效果,同时也隐含佩戴者的尊贵身份与地位差异,明黄色象征皇权至高无上,金黄色代表贵族荣耀与尊贵,石青色则凸显庄重典雅。色彩选择与搭配可为吉服珠增添神秘与高贵气息。相较于吉服珠的华丽精致,常服珠较为朴素简约。君臣日常穿着时所佩戴之素雅串珠,设计虽不及吉服珠奢华,却别具韵味。常服珠佩戴制度设计与吉服珠大致相同,但材质与珠子数量方面更为简约,此是清代服饰等级制度的风格展现。

清代后妃及命妇在穿着朝服时,需佩戴名为领约的装饰品。领约即圆形类似项圈饰品,其主要佩戴于朝袍披领上,以增添服饰华美与庄重。领约镶嵌有各式珠宝,如珍珠、宝石等,同时垂挂不同颜色绦带,以此展示佩戴者的身份与地位。不同品级后妃及命妇所佩戴领约在材质、珠宝数量及绦带颜色上存在明显差异。如皇贵妃领约主要由镂金制成,嵌有七颗东珠,并以珊瑚为间隔,两端垂挂明黄色绦带,绦带中穿珊瑚珠,末端则缀有珊瑚装饰。该设计不仅可有效彰显皇贵妃的身份,同时可体现出清代宫廷服饰文化独特魅力。在实际佩戴领约时,无论是皇后或七品命妇,均需将领约两端朝向身后佩戴,绦带自然垂于颈后,如图1-23所示。此独特佩戴方式可充分展现佩戴者优雅风姿,成为清代宫廷服饰文化中之亮丽风景线。领约不仅是服装饰品一部分,同时是清代宫廷礼仪与文化之生动体现。

图 1-23　孝贤纯皇后像（头戴金约，颈戴领约）

三、胸腰饰

在清代宫廷服饰文化中，胸腰饰作为其显著特征，被细致地划分为胸饰以及腰饰两大类别，其中胸饰尤为引人注目，其核心代表为彩帨，如图 1-24 所示。彩帨是清代后宫嫔妃及命妇在穿着朝服时的重要配饰，同时也是体现身份与地位的精致艺术品。彩帨在实际佩戴中被巧妙地悬挂于朝褂的第二颗纽扣之下，垂直于胸前，长度约为一米，其设计中呈现出明显上窄下宽的优雅形态。彩帨顶端配置由精巧的挂钩以及东珠或玉环作为连接点，挂钩主要功能在于，将彩帨稳固地固定于朝褂上，而环下则垂挂数根精致丝绦，线管丝绦不仅增添彩帨的飘逸之感，同时具备较强实用功能——可用于悬挂诸如箴（针）管、鞶帨（小巧的收纳袋）等日常所需小物件。彩帨下端设计为尖角形的长条样式，该设计既可增添整体流线美感，同时可通过其色彩搭配及是否绣有繁复纹样而对佩戴者等级与身份进行精准划分。彩帨主要采用色泽丰富、质地细腻的绸缎精心缝制而成，其形状与现代领带有异曲同工之妙，但在细节设计方面则融入更多传统文化韵味以及宫廷的华贵气息。需要注意的是，彩帨装饰并非千篇一律，而是基于佩戴者身份地位、个人喜好以及宫廷礼仪规范进行差异化设计。部分彩帨上绣制有繁复精美的花纹，图案细腻、色彩鲜艳，充分彰显佩戴者高贵的身份以及不凡的品位；而部分彩帨选择素净无纹，仅以绸缎本身的色彩以及质感取胜，以此展现出低调而内敛的华美之感。此外，即使是同样绣有花纹的彩帨，其花纹用色、布局以及丝绦颜色也会因佩戴者不同而存在差异，相关细节充分透露出清代宫廷服饰文化的魅力。

图 1-24　蓝筹彩绣花蝶彩帨

腰饰作为满族服饰文化重要组成部分，其在实际佩戴中可精巧地嵌入人体躯干中段，并发挥桥梁作用，对上下装束进行充分连接，以此实现整体造型和谐统一的目的。腰饰不仅具备固定衣物、调整体型等实用功能，同时蕴含丰富的装饰艺术价值，是人们倾注心血、精心设计与制作的重要对象。腰饰核心表现形式——腰带，除具备束紧衣物的基本功能外，还被赋予悬挂日常劳作与生活中频繁使用的物品及多样化装饰品的便捷功能。回顾历史可知，清代是腰饰文化高度发展的重要时期。在此时期，腰饰实用性功能逐渐减弱，逐渐成为象征性存在，属于富含深意的文化符号。其不仅是身份地位、财富状况与官职高低的直观体现，同时也是清代宫廷配饰体系中不可或缺的关键组成部分。在清代宫廷的配饰体系中，腰饰被进一步细分为朝服带、吉服带、常服带及行服带四大类别，每种腰饰均承载特定的文化内涵以及象征意义。

朝服带是专为君臣穿着朝服时佩戴的腰饰，其佩戴制度之严格、等级之分明令人叹为观止。皇帝的朝带制度独树一帜，主要拥有两种不同形式，以凸显皇权至高无上的地位。而王公贵族、文武百官则统一遵循一种朝带制度，虽然在佩饰设计中存在一定共性，如佩粉皆呈现下宽上尖形式，佩囊则绣有精美花纹，左侧悬挂锥器，右侧则配以刀具，但其差异同样显著。相关差异主要体现在朝带的版饰、颜色、饰件以及绦带种类与色彩方面，通过对相关细节的精妙安排，使得朝带成为区分等级与名分的重要标志。

吉服带是清代男子专属配饰，主要用于君臣在穿着吉服时佩戴，如图1-25所示。该腰带不仅可为吉服增添庄重以及华美，同时在细微处显示出佩戴者身份与独特品位。吉服带设计通常精致且考究，无论是材质选择还是工艺打磨，均体现出匠人的高超技艺以及审美追求。同时，吉服带中的各种装饰品，如玉佩、金饰等，可进一步丰富其文化内涵以及象征意义。

清代，无论是居于龙椅之上的君主，抑或是朝堂上显赫的文武官员，其吉服带制度在宏观结构上均表现出高度一致性，然而受佩戴者身份地位及角色差异影响，吉服带在细节设计方面呈现出多样化以及个性化特点。色彩、装饰版面以及镶嵌珠宝等元素，均因佩戴者身份不同而进行区分，展现出变化多样的风貌。

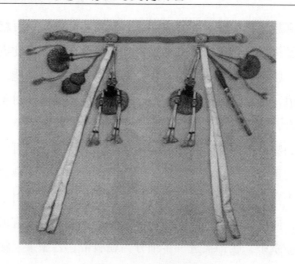

图 1-25　清早期吉服带

皇帝的吉服带必然是最为尊崇且引人注目的，皇帝所用的吉服带采用象征皇权至高无上的明黄色调，一望即可感受到皇帝的威严。腰带上则精心镶嵌四枚镂金版，版面方圆形状可基于皇帝个人喜好进行定制设计，以此彰显皇家的尊贵与自由。版上镶嵌的珠玉杂宝琳琅满目，每颗珠宝均闪烁耀眼的光芒，令人目不暇接。腰带两侧佩饰为纯白色设计，线条流畅且笔直，整齐划一地排列，以此营造出庄重威严的氛围。带粉上的中约金结装饰风格与版饰相得益彰，以充分凸显皇家奢华与气派。相对而言，皇子、亲王及以下宗室成员的吉服带较为内敛。其采用金黄色腰带，版饰也以相同规格设计，版饰方圆形状可以基于个人喜好及身份地位进行差异设计。佩饰、绦带颜色通常与腰带保持一致，以此展现出金黄色的辉煌与尊贵。带粉同样笔直整齐，以此彰显出宗室成员的身份以及地位。

觉罗的吉服带主要以红色为主色调，该颜色不仅代表觉罗家族的独特身份，同时彰显出其威严与庄重。红色腰带上同样以版饰装饰，佩饰以及绦带则主要采用石青色进行设计，色彩搭配鲜明又和谐，令人印象深刻。

至于和硕额驸以下各额驸及王公、侯、伯、子、文武百官等，其吉服带主要以石青色或蓝色为主色调。该颜色可呈现出沉稳大气、庄重典雅的风格。腰带上同样以版饰进行装饰，佩粉也以笔直整齐形式设计，与各自吉服相得益彰，共同构成其独特的服饰风貌。

除上述规定的吉服带外，君臣其余腰带制度与各自朝服带相同。常服带主要为君臣在穿着常服时所系腰带，其制度与各自吉服带保持一致。该设计可为君臣日常穿着提供便利条件支持，同时也无形中强化其身份认同以及归属感。

清代时期，君臣在穿行服时所系的腰带被称为行服带。该腰带制度在皇帝以及王公大臣间为统一设计，但在具体细节方面同样存在一定差异。皇帝行服带主要以明黄色为主调，左右两侧采用红香牛皮佩系，其中装饰有精美的金花纹样。各镘上均镶嵌有三个银钚，同时也为佩戴者增添奢华与尊贵气质。佩畅主要以高丽布制成，相较于常服带，佩粉略微宽大且相对较短。中间采用香牛色束紧，其中以银花纹样点缀，与腰带整体风格相得益彰。佩囊同样采用明黄色，圆绦上则以珊瑚结合削燧杂佩等精美饰品进行装饰，令人赞叹不已。

亲王以下至文武百官行服带主要基于各自吉服带颜色进行搭配设计。腰带上同样装饰有版饰，佩戴采用素布制成，较常服带稍微宽大且较短。绦上以圆结等简约而精美的饰品进行装饰。佩囊颜色主要根据各自吉服带而定，同样装饰有削燧杂佩等饰品。行服带不仅可充分满足君臣穿行服时的需求，同时也在无形中强化其身份认同以及服饰体系完整性。

总而言之，清代君臣的腰带制度既可反映其身份地位以及角色差异，同时展现出服饰文化的丰富多彩以及独特魅力。相关腰带不仅是服饰重要组成部分，同时也是历史文化的见证和传承。

四、足饰

满族服饰中的足饰以其显著的民族特征和独特的艺术魅力，在清代满族服饰佩饰文化中占据重要地位。本书主要深入分析清朝政府所制定的复杂而详尽的服饰制度，因此，关于女性旗鞋的精湛工艺以及独特风格，本节研究中不予详细讨论，而是留待后续研究进行更为深入和全面的探讨。本节研究关注点将集中在清代男性官员所穿着靴鞋方面，尤其是在政治与文化场合中不可或缺的朝靴，其在清代社会中扮演着关键角色。

朝靴作为清代官员在朝会、祭祀以及奏事等重要场合所必需的足部装备，其悠久的历史渊源和形制演变，蕴含深厚的文化底蕴以及历史沉淀。朝靴的起源可追溯至我国北方游牧民族，其最初即是作为一种便于骑乘与长距离行进的皮质鞋履，因其显著实用性和舒适性，被形象地称为"胡履"。随着历史不断演进，靴逐渐从游牧民族地区传播至中原地区。至天聪六年（1632 年），清朝政府颁布禁令，禁止普通民众穿着靴子。该政策无疑进一步强化了靴作为特殊足部装备的地位。尽管在随后历史发展中，该禁令存在一定松动，允许文武百官及士庶阶层穿着靴鞋。该禁令实施与演变不仅充分体现出清朝统治者对服饰制度的严格控制以及对身份等级的明确划分，同时也在一定程度上揭示出靴作为身份标志的特殊地位以及尊贵意义。

在明清两代，靴履逐渐演变为朝廷官员参与朝议时不可或缺的服饰元素，正式名称被定为"朝靴"。清代朝靴在继承明代制度基础上，进行一定创新性发展，使其更具多样化。

从形制层面分析，清代朝靴可细分为尖头式以及方头式两种风格。尖头式朝靴线条流畅且造型别致；方头式朝靴则主要凸显出端庄稳重的风格。此两种形制不仅可有效满足文武官员对于美观的追求，同时也可有效反映出不同的审美倾向。在材质选择方面，清代朝靴同样表现出多样化特点。夏秋季节，为有效适应轻薄透气需求，朝靴主要采用缎料制作，以保障官员在炎炎夏日中的舒适性与干爽性。冬季改用绒毛材料进行制作，以实现抵御严寒目标，切实保障官员在寒冷天气中依然可以正常履行职责。

清代朝靴在细节处理方面同样十分精致。靴子边缘通常镶嵌有绿色皮边，该设计不仅增添朝靴的庄重以及华贵之感，同时使其更符合朝廷所制定的礼仪规范。在三年之丧特殊情况下，官员需以布制靴代替朝靴，以表达对逝者的哀悼与敬意。清代朝靴分类更为细致。根据靴底薄厚及穿着便捷程度，朝靴可被分为官靴以及官快靴两种。官靴呈现出厚底、长勒、方形头的特点，因此备受推崇，其主要用于君臣朝会等重要场合，以保障官员行走时的庄重以及威严。官快靴造型呈现出薄底、短勒、尖头式特点，其便于行走，主要用于官员日常生活中。在靴色选择方面，清代朝靴主要以黄色以及青色为主。皇帝可自由选择黄色或青色朝靴，以此充分彰显其至高无上的皇权以及尊贵身份。而皇子以下的文武官员则统一使用青色朝靴，以表明对皇权的敬畏以及服从。该色彩规定不仅体现出当时社会的等级制度，同时也反映出民众对色彩的审美观念。

总而言之，清代朝靴相关特点与规定不仅充分展现出当时社会的服饰文化风貌，同时也为研究清代历史、文化、审美观念等方面提供宝贵实物资料。

第五节　满族民间配饰

满族服饰文化较为丰富，民间配饰同样展现出鲜明的民族特色。本节将对满族服饰民间配饰进行概述，主要内容包括头饰、帽饰、耳套、足饰及挂饰等方面。满族头饰种类繁多，其中最具有代表性的为"旗头"，也被称为"两把头"或"大拉翅"。旗头为满族女性在重要场合所必需的头饰，其通常以铁丝或竹藤为框架，并利用珠翠宝石、鲜花等进行装饰，以此彰显佩戴者的高贵华丽之风。此外，满族女性同样喜爱以鲜花、绒花、绢花等作为日常头饰，其既具备较强美观性，同时富含生活气息；满族帽饰种类繁多，如用于保暖的冬帽，还有用于装饰的夏帽等。冬帽也称为"暖帽"，其主要为圆顶，带檐，内衬有皮毛，兼具保暖性与实用性。而夏帽则更侧重于装饰性，如"凉帽"，其帽顶主要以缎面或绸布制成，帽檐宽大，既发挥遮阳功能，同时又具备一定装饰效果。此外，满族男性同样偏好佩戴瓜皮小帽，此帽轻便简洁，是满族男性的标志性服饰之一；满族耳套作为冬季保暖重要配饰，其通常由皮毛制成，既可保护耳朵免受严寒侵袭，同时又具备一定装饰性。耳套上通常以精美图案刺绣或镶嵌珠宝进行装饰，反映出满族人民对美好生活的向往与追求。满族足饰虽相对较少，但同样有其独特之处。满族女性在穿着旗鞋时，通常会配以精美的绣花鞋垫及绣花鞋袜，以增加脚部美感。此外，满族男性在穿着马靴时，同样喜欢在靴子上绣以各种图案或镶嵌珠宝，以此在保障实用性的同时提升美观性。满族挂饰种类较为繁多，主要包括项链、手链、耳环、腰佩等。相关挂饰通常由金银、玉石、珍珠等制成，造型精美且寓意吉祥。满族人民喜欢将挂饰佩戴在身上，以此提升个人气质，同时又在其中寄托对美好生活的祝愿与期盼。

一、头饰

满族人对发型以及头饰的精致追求，深刻反映出其对美的独特诠释以及极致追求。该追求使满族服饰在历史长河中显得格外华贵与迷人，并赢得"金头天足"的美誉。该赞誉不仅充分体现出满族外在装扮的华丽，同时彰显出其内在精神风貌的认同。其中，"天足"一词特指满族女性拒绝缠足习俗，该习俗体现出满族女性在山林间驰骋时所展现的不逊于男性的坚韧以及自由，拒绝汉文化中"三寸金莲"的病态审美，拒绝为迎合男性的审美标准而牺牲自己的行动自由，该独立与自尊使满族女性在历史舞台上留下独特的印记。即便在满族后来入关融入中原文化过程中，满族女性依然在这一点上坚守自我，保留"天足"的自然之美，拒绝被汉俗同化，展现出满族女性强大的自我意识以及独立精神。

满族女性对发饰的热爱以及讲究达到令后人叹为观止的程度。其在装扮过程中会精心打理自己的发髻，并在其上插上各式各样的花朵以及精美头饰，相关头饰通常由金银珠宝等珍贵材料制成，造型各异且色彩斑斓，每件头饰均凝聚匠人的心血与智慧。相关头饰不仅展现出满族女性的独特魅力，同时是其身份地位的重要象征。朴趾源在其所著的《热河日记》中，详细描述该习俗，书中提到满族女性对美的追求并不因年龄的增长而有所减退，即使是年龄已经超过 50 岁的满族女性，依然会在满头发髻中插上鲜花，并佩戴金钏宝珰等珍贵首饰，以此展现优雅以及自信。而年近七旬的妇女，即便头发已经稀疏，依然会在仅存的寸发上插上花朵，此种对于美的执着与热爱让人深感震撼，同时也让后人感受到满族女性内心深处那份不屈不挠的精神力量。

通过对相关头饰进行深入梳理分析可知，簪、钗、步摇、耳挖簪以及扁方是满族女性精心挑选并佩戴于头部的装饰品，相关头饰共同特征在于，均由簪首以及簪挺两部分巧妙结合而成。在簪首部分，工匠会利用诸如珠翠镶嵌、宝石点缀、点翠工艺以及累丝等繁复而精细的手法，创造出一朵朵绚烂多彩、华美绝伦的花饰，其成品精美度令人叹为观止。在满族服饰头饰中，大扁方长簪在其中具有举足轻重的地位，扁方不仅是满族女性日常装扮中不可或缺的重要部分，同时是展现身份与地位的重要象征。该长簪形状通常为长方条形，其长度与宽度各异，长的扁方可达到 30~35 厘米，短的则在 12~15 厘米，而宽度均保持在 7 厘米左右。扁方在实际用于装饰中时，被巧妙地穿插于女性发髻中，既可稳固发型，又可增添无尽的风情与韵味。扁方的制作材料较为丰富，包括温润的白玉、青玉，也有使用光泽闪耀的铜镀金，还包括香气四溢的沉香木、色泽独特的玳瑁以及翠绿欲滴的翠玉等，每种材质均赋予扁方独特的魅力与韵味。

在载涛与郓宝惠两位先生合著的《清末贵族之生活》书中，曾有这样的描述："满族女子在日常生活中通常梳两把头的发型，其式样简约而不失雅致。她们会在真发挽起的发髻上横插一支以玉或翠制成的扁方，形态优雅宛如一顶精致的发冠。"扁方形状与尺子相似，一端呈圆润的半圆形，另一端则如同卷轴一般，既具有实用性，又不失为一件精美的艺术品。

扁方在满族女性的发型中扮演至关重要的作用，其可起到连接真发与假发髻间的"桥梁"作用。从某种程度上而言，扁方的功能与古代汉族男子束发时所用的长簪有异曲同工之妙，或许可以大胆地推测，扁方正是从长簪基础上逐渐演变而来。

在清代文学作品中也有对满族女性使用扁方装饰的描写，如《儿女英雄传》第二十回"何玉凤毁装全孝道，安龙媒持服报恩情"中，作者即对此进行细致入微的描绘。该章节通过细腻的笔触，生动地展现出安夫人头饰的复杂工艺以及华丽风格，为后世研究清朝中期乃至满族官宦阶层女性头饰风尚提供珍贵视角。该章节中对安夫人头饰的描述如下："只见那太太……头上梳着短短的两把头儿，扎着大壮的猩红头把儿，别着一枝大如意头的扁方儿，一对三道线儿玉簪棒儿，一枝一丈青的小耳挖子，却不插在头顶上，倒掖在头把儿的后边，左边翠花上关着一路三根大宝石抱针钉儿，还戴着一枝方天戟，拴着八棵大东珠的大腰节坠角儿的小挑，右边一排三枝刮绫刷蜡的蓇枝儿兰花儿"……

书中所述的画面不仅展现了安夫人头饰的复杂多样性，同时反映出当时满族女性头饰文化的深厚底蕴。在清代北方民间，扁方样式以及用途极为丰富。例如在丧事场合中，满族女性会基于自身身份以及地位差异，选择不同形制的扁方以表达哀悼之情。妻子为丈夫戴孝时，会放下两把头，将头发集中于头顶编成两条辫子，并简单插上一枚三寸或四寸长的白骨小扁方，以此显示朴素与哀思之情；儿媳为公婆戴孝时，则会选用白银或白铜制成的小扁方，横插于发间，以此体现出辈分差异，同时也凸显家族的传统礼仪以及规矩。

扁方制作材料较为多样，包括青素缎、青绒到青纱等，均可作为蒙裹之用。实际佩戴时，扁方将被牢固地固定在发髻之上，其上通常绣有各种精美绝伦的图案，或镶嵌着璀璨的珠宝，或插饰着鲜艳的花朵，同时配以长长的缨穗，给佩戴者更添几分灵动。王室贵族女性的扁方在质地以及样式方面更是卓越非凡，其窄面上会以精湛的工艺透雕出花草虫鸟、瓜果文字、亭台楼阁等图案，造型栩栩如生、惟妙惟肖，仿佛将大自然的奇妙景致与人文情怀完美地融为一体，令人叹为观止、流连忘返。此外，扁方还承载满族女性对于美的追求以及独特表达。她们在佩戴扁方时，会有意将两端花纹露出，以此吸引他人目光，借此彰显自己的品位。而扁方上所缀挂的丝线缨穗，则与脚下穿着的花盆底鞋遥相呼应、相得益彰，使其在行走间步伐稳健、仪态端庄，充分展现出满族女性特有的温婉以及秀美。在喜庆吉日或接待贵客等重要场合，满族女性会精心挑选并佩戴扁方，以此展现自己的风采以及魅力。宽长的扁方限制了脖颈扭动，使其身体更加挺直优雅，再搭配上长长的旗服以及高底旗鞋，使其在行走间显得分外稳重与文雅，成为清朝时期一道独特而迷人的风景线。

除满族女性外，男性也热衷于在头发上装饰发饰。在满族文化体系中，发辫所承载的文化意义远超民族外部标志，其深入深植于满族人的精神世界之中，并成为满族文化的审美符号以及身份标识核心。据《三朝北盟会编》等古代文献的翔实记载，当时代中无论男女均热衷于在精心编织的发辫上悬挂金银等珍稀佩饰。此举不仅直观地展示出其个人的身份以及地位，同时也以一种无声的语言表达满族人民对美好生活的向往以及尊崇。相关佩饰设计普遍较为精巧，形态多样，从精细雕刻到璀璨的镶嵌，均可充分体现出满族卓越的艺术审美以及世代传承的手工艺技巧，如同流动的艺术品在发间熠熠生辉。进入明末清初，女真族的发辫装饰习俗非但未有衰减，反而越发盛行。女真人会在发辫上佩戴金银珠玉等饰品，此既是对自身经济以及军事实力的自豪展示，同时一定程度上体现出其对美的无尽追求与热爱。这些饰品通常富含深意，既寄托人们对幸福生活的祈愿，同时也承载着深厚的民族情感与文化记忆。

清朝时期，八旗子弟作为满族社会精英阶层，将该传统风俗推向新的发展高峰。其会利用金、银、珠宝等，精心制作出一系列小巧精致的坠角儿，并将其巧妙系于发辫之上。此类坠角会随着发辫的摆动而摇曳生姿，为满族男子的沉稳庄重形象增添几分灵动以及飘逸之美，使形象更加立体生动。该独具匠心的发辫装饰方式，不仅成为满族区别于其他民族的鲜明标志，同时也是其深厚文化底蕴以及悠久历史传承的重要组成部分，并深刻地烙印在每个满族人心中。关于满族人对发辫的装饰，古典名著《红楼梦》第二回中，借贾宝玉角色的形象进行了细致描绘，其描绘中捕捉到满族发辫装饰的独特风情。书中描述贾宝玉那根乌黑亮丽、如上好漆器般的大辫子上，巧妙系有一串由四颗硕大明珠串成的装饰，并以金八宝坠角作为点缀。该细节生动具体地反映出当时满族上层社会在发辫装饰上的考究，以及对美的独到见解以及不懈追求。此不仅是对其个人品位的充分展现，同时是对满族文化传承以及审美理念的深刻诠释。

二、帽饰

清代帽饰种类繁多且各具特色，其丰富性与清代男子独特的发式有密切关联。通过对历史遗留的丰富且珍贵的图片资料进行深入研究，可清晰发现清代男子普遍有佩戴各种帽子的习俗，无论是官方编纂、具备较强权威性的《满洲实录》，还是详细记录康熙、乾隆时期的盛况的《万寿盛典图》，抑或是充满生活气息、细腻入微的写实绘画，以及随着摄影技术传入中国后拍摄的珍贵摄影照片，均展现出清代这一独特而有趣的社会风俗。这些宝贵的资料，不仅充分揭示出清代帽饰的多样性以及精美程度，同时使后人可窥见当时民众的生活习惯、审美观念以及社会文化等多方面的信息。

在满族服饰种类繁多的帽饰中，小帽以其独特的魅力以及悠久的历史背景脱颖而出。其也被称为便帽，或者更具生活气息的"秋帽"，而在民间则有"瓜皮帽"这一形象生动的俗称，如图 1-26 所示。该帽子深深地植根于传统之中，形制主要沿袭明代六合帽的经典样式，并经过不断演变与发展，最终成为清代男子日常生活中不可或缺的帽饰之一。小帽的形状设计极为巧妙，如同

图1-26　瓜皮帽

自然界中瓜类的棱线，既别致又富有独特的韵味。帽顶部圆润饱满，给人温润如玉的感觉，而随着时间不断推移，该设计又逐渐演变为近平顶形状，更符合当时人们的审美需求。帽下方则巧妙地承接着一圈帽檐，既可遮阳挡风，同时又增添几分雅致以及风度，非常适合士大夫阶层在闲暇之余佩戴，以此彰显其文人雅士的气质与风范。在制作工艺上，小帽也是精益求精。其帽胎可细分为软胎和硬胎，基于帽形不同需求，可采用不同制作方式。通常情况下，圆顶或略作平顶的小帽主要采用硬胎制作，以保障其形状稳定性以及挺拔感。制作材料也较为讲究，包括光滑细腻的黑缎、轻盈透气的纱，或是用马尾、藤竹丝等天然材料精心编织而成，不同的材料可赋予小帽独特的质感。帽檐部分则采用极为华丽的装饰，如镶嵌璀璨的宝石、用华丽的锦缘进行装饰，还有以红、青两色的锦线绣上精美的卧云纹作为点缀，相关设计使帽子整体流光溢彩、熠熠生辉。而帽顶部分则采用红绒结制成，结子鲜艳夺目，如同璀璨的明珠镶嵌在帽顶上。结子后会垂下一条一尺余长的红缨，随风摇曳，更添几分飘逸与灵动。随着时间推移以及社会变迁，小帽样式不断发生变化。到清末时期，帽顶的结子已经演变为小巧如豆，颜色也由红色改为更沉稳的蓝色。而到宣统年间，小帽的帽檐出现多重叠加样式创新，部分小帽的帽檐可达到七八道之多，每一道均有着不同的寓意与象征意义。至于小帽内衬部分，则主要选用柔软舒适的红布制成。然而在特定场合下，如有丧事在身的人佩戴小帽时，则会选择用黑布或蓝布来制作内衬，以寄托自身哀思之情。而遭遇轻微丧事的人，则会选择用蓝色结子来替代原有红色结子，以表达其内心的哀痛与怀念之情。该细节之处充分体现出中国传统文化中对于礼仪与情感的重视与传承。

毡帽作为具备悠久历史以及深厚文化积淀的传统头饰，其独特的造型以及佩戴习俗自古流传至今。历经千年演变，该头饰在清代民间满族服饰装饰中，受到底层农民、市井商贩及各类劳动者群体的青睐与推崇。形形色色的毡帽不仅可为佩戴者提供遮阳避雨的基本功能，同时因其款式多样、风格独特，成为劳动阶层服饰文化的重要组成部分，其主要包括如下款式：

第一，常见的毡帽款式为大半圆形，整体设计简洁大方，线条流畅，既可对头部进行有效保护，同时可避免笨重或烦琐之感。该款式的适用性极强，无论是日常劳作还是休闲时光，均能成为劳动者的理想选择。

第二，为半圆形且顶部略为平坦的毡帽款式，该款式设计使帽子可更贴合头部，以此有效减少滑落或摇晃的可能性，同时显著提升佩戴舒适度。对于需长时间佩戴帽子的劳动者而言，该设计可为其提供极大的便利。

第三，四角带有檐边且反折向上的毡帽类型，该造型不仅美观大方，独具匠心，同时具备一定遮挡阳光和防雨的功能，可为户外劳作的劳动者提供额外保护。尤其是在夏日炎热时期，该毡帽成为劳动者必需品。

第四，反折向上形成两耳式的毡帽，该造型的毡帽在两侧设计有可折下的耳部，寒冷天气时，佩戴者可将耳部折下以掩护双耳，进而有效防止寒风侵袭。该设计具备较强实用性，可为寒冷天气中的劳动者提供额外的温暖和舒适。

第五，为后檐向上反折而前檐具备遮阳功能的毡帽款式，该造型毡帽专为户外劳动设计，前檐可有效遮挡阳光，保护面部和眼睛免受阳光直射伤害，后檐部分的反折设计则可有效增加通风性，使佩戴者在户外劳作时更为舒适自在。

第六，顶部呈锥状造型的毡帽，该造型的毡帽具备独特而醒目的造型和线条，使佩戴者在人群中脱颖而出。该毡帽不仅具备较强辨识度，还因其独特的造型成为部分地区或民族服饰文化的代表之一。

而在士大夫阶层中，其于家居休闲时所佩戴的便帽则呈现出截然不同的风格。此类便帽通常以金线蟠缀成各种吉祥花式，如四合如意图案、蟠龙图案等，制作工艺精湛、细节精致，显示出尊贵与奢华。此类便帽代表了士大夫阶层的身份和地位，是其家居休闲时的重要配饰之一。更有甚者，部分士大夫阶层的便帽在帽内还加以毛皮等保暖材料，以适应北方寒冷地区的气候条件。该设计不仅可有效提升帽子的保暖性能，还使佩戴者在寒冷的天气中同样可保持优雅和舒适。这种便帽逐渐流行，成为常见的佩戴式样，并成为士大夫阶层身份和地位的象征之一。

风帽作为历史悠久的服饰配件，也被称为"风兜"，其在历史长河中逐渐演化，并被赋予"观音兜"这一充满雅致韵味的美称，如图1-27所示。该称呼的由来，在于其独特的外形设计，与佛教中观音大士所佩戴的头饰有惊人的相似之处。风帽制作材质较为多样，既有精心设计的夹层结构，可巧妙地隔绝外界冷风，同时包括内置柔软棉花或用厚实皮质精心打造的款式，相关材质在使用中可确保风帽保暖性能极佳，由此可为老年人和儿童在冬日里抵御寒风侵袭、保持头部温暖。在色彩运用方面，风帽更是展现出中国传统审美中对于沉稳与内敛的崇尚。风帽主流颜色主要包括紫色、深蓝、深青色等色调，相关颜色不仅给人以稳重之感，同时与冬季氛围相得益彰。而黑色风帽同样得到广泛采用，其不仅象征庄重以及低调，同时在视觉层面营造出沉稳而内敛的美感。然而需注意的是，红色风帽成为高官贵族的专属象征，其鲜艳的色彩与精致的工艺可充分彰显佩戴者的权势以及尊贵地位。清朝光绪年间，上海地区更是掀起一股佩戴红风兜的时尚潮流。相关红风兜主要由绸缎或呢料等高档面料精心制成，部分风兜还巧妙融入锦缘装饰，使整体造型华丽。人们在实际佩戴时，通常会将其巧妙地加于小帽之上，以此有效地抵御寒风侵袭，同时展现出自身独特的时尚品质以及审美追求。该潮流不仅深受老年人的喜爱，和尚、尼姑等宗教人士也会佩戴风兜以抵御严寒，只是其所选用的是黑色风兜，以符合其身份与修行背景，展现出别样的沉稳与庄重。

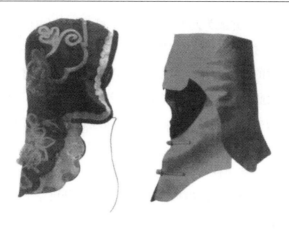

图 1-27　风帽

注：左为蓝地棉风帽，右为红缎女童风帽。

皮帽作为历史悠久且经典的头部装饰品，也被亲切地称为"拉虎帽"。其设计独特之处在于，帽后部分巧妙地设计为可分离结构，该创新性的构造设计不仅赋予帽子较强灵活性，同时可通过两条精心编织的带子进行固定，以保障佩戴时的稳定性和舒适性。该独特设计使拉虎帽在头饰中独树一帜，深受民众青睐。皮帽发展中还衍生出安髩帽这一分支，其也是一种蕴含深厚文化内涵的帽款。与拉虎帽的后部设计截然不同，安髩帽后部保持完整且不可分割的形态，该简约而庄重的设计使其别具一格。据史料记载，安髩帽最初是专为皇帝狩猎所设计，其可有效显现出皇帝的尊贵身份与威严，因此成为狩猎场上的亮点。随着时间不断推移，安髩帽逐渐演化为王公贵族所用的时尚配饰。在制作材料方面，安髩帽同样追求极致。部分安髩帽采用优质毡制品为主要材料，相关毡制品质地较为柔软且具备良好的保暖性能，可为佩戴者提供较为舒适的佩戴体验。帽两侧通常以华丽的毛皮进行装饰，毛皮不仅色彩鲜艳、质感细腻，同时可根据天气变化翻折覆盖耳朵，以实现更好的保暖效果。该设计使安髩帽在寒冷的冬季成为人们首选。需特别注意的是，安髩帽前部通常使用鼠皮制作。鼠皮以其独特的质感及优秀的保暖性能而闻名，该设计使安髩帽与北方寒冷的气候条件较为契合。由此在北方冬季寒冷时节，经常可看到佩戴安髩帽的人穿梭在街头巷尾，其或急匆匆地赶路，或悠然自得地享受冬日暖阳。由此，安髩帽也被称为"耳朵帽",并成为北方居民冬日不可或缺的保暖用品。

凉帽在广大农村地区,尤其是在农民日常生活中发挥着不可替代的重要作用,是农民劳作时的典型配饰。看似简单的凉帽,其制作材料却蕴含自然界的馈赠,凉帽通常由藤条、竹子或麦秸秆等天然植物纤维编织而成。这些材料不仅赋予凉帽轻便的特性,使其成为农民劳作时理想的遮阳工具,而且因其具备良好的透气性,可在炎炎夏日为佩戴者提供凉爽,显著缓解烈日下的酷热感。在众多凉帽款式中,有一种特别引人注目的设计,即被称为"台笠"的凉帽。台笠的特点在于有一圈宽阔的帽檐,向四周伸展,既可全方位遮挡阳光,同时又平添几分古朴韵味。在古代社会,这种台笠通常被视为地位相对较低者的象征,其不仅承载遮阳避暑的实用功能,同时在某种程度上映射出当时社会的阶层划分与身份标识。凉帽的样式如同历史长河中的一叶扁舟,经历无数次起伏以及变迁。最初人们偏爱扁平且宽大的凉帽款式,其简洁大方可有效遮挡阳光,为劳动者提供直接的保护。随着时间不断推移,民众审美观念开始发生转变,高而小型的凉帽逐渐崭露头角,并成为一时的风尚。这种小巧精致的凉帽,不仅可充分满足遮阳的基本需求,同时也在视觉层面增添几分时尚以及雅致。然而时尚的风向标总是变幻莫测,当人们认为高小型凉帽将成为经典时,高而大的凉帽又重新回到人们视野中,同时迅速占据主流市场。这种回归或许是对传统的致敬,也可能是对时尚循环的深刻理解,但无论如何,凉帽样式的每次更迭,均深深烙印时代印记,并成为一段不可磨灭的历史记忆。值得一提的是,康熙朝之后,在社会经济发展与文化繁荣的影响下,高而小型的凉帽再次赢得人们青睐,并成为当时代人们的首选配饰。该变化不仅再次证明时尚轮回的无穷魅力,同时深刻反映出不同历史时期人们审美观念的演变。通过凉帽样式的变迁,后人得以窥见帽饰文化的丰富多彩以及深厚底蕴,其不仅是实用与美观的完美结合,同时是时代精神与文化传承的生动写照。

除上述帽饰外,满族服饰中还有专为女性设计的坤秋与脑包。坤秋帽是满族女性在凉爽至寒冷季节中不可或缺的传统配饰,其设计较为精妙,恰如其分地融合保暖的实用功能以及令人赞叹的美学价值,充分体现出满族服饰文化的深厚底蕴,如图1-28所示。该帽饰在形制构造上,与满族男性在相同季节所佩戴的暖帽有异曲同工之妙,两者均巧妙地采用帽檐微微向上翘起的设计思路。这种设计不仅为帽饰增添几分别致以及新颖气息，同时在佩戴时可有效地阻挡寒风侵袭，达到美观性与实用性完美结合的目标。在帽顶部分的面料选择上，坤秋帽更是别具匠心，制帽师傅通常会选用一系列色彩鲜明、寓意深远的材质，如鲜艳夺目、象征着喜庆与热情的红色缎子，深邃宁静、引人深思的蓝色缎子，高贵典雅、尽显尊贵气质的紫色缎子，以及庄重沉稳、彰显成熟魅力的绛色缎子等。相关色彩选择不仅可彰显佩戴者的身份以及地位，同时也可在视觉层面带来温暖而舒适的感受，仿佛可驱散秋冬季节的寒意，使佩戴者心情随之愉悦。在帽顶装饰工艺方面，坤秋帽将满族服饰的精湛手工艺展现得淋漓尽致。一顶制作精良的坤秋帽，其顶部通常会覆盖着一层精美绝伦的刺绣或是挖云图案。相关图案有的繁复细腻，各处细节均经过精心雕琢，仿佛一幅幅微型的艺术品；有的则简约大方，以简洁的线条以及色彩勾勒出别具一格的美感。而刺绣图案之上，制帽师傅还会巧妙地镶嵌金银线或是其他贵重装饰材料，如璀璨的宝石、晶莹的珍珠等，使帽顶可在光线照耀下熠熠生辉，散发出令人瞩目的光彩。除帽顶装饰外，坤秋帽还配备两条长达二尺多的飘带。飘带在设计方面同样别具一格，其主要采用上窄下宽、角度锐利的造型，使整体造型飘逸灵动，又可在风中摇曳生姿，为佩戴者增添柔美与雅致气息。而部分飘带会在锐角的尖端处精心地钉上各色丝线穗作为点缀。丝线穗会随风摇曳，不仅可为坤秋帽增添几分生动与活力，同时使佩戴者行走间展现出动态的美感，让人不禁为之倾倒。

图 1-28　坤秋帽

除传统坤秋帽外，满族女性还拥有一种独特而雅致的头饰，被称为"脑包"。该头饰不仅蕴含深厚的文化底蕴，同时兼具较强实用价值以及审美意趣。脑包设计独具匠心，其通常采用中间宽阔而两端渐趋狭窄的长条带形状，既符合人体工程学原理，同时有效兼顾佩戴舒适性与美观性。在脑包制作工艺方面，工匠追求极致的精细。其上通常会镶嵌简洁而素雅的边饰，相关边饰或是由精细的银丝编织而成，或是由精致的珠玉点缀，以此展现出低调而奢华的美感。脑包的中心部分，绣有清新淡雅的素花图案，相关图案或繁复细腻，或简约大方，在展现出工匠精湛的刺绣技艺的同时，有效凸显出佩戴者温婉可人的气质。当满族女性将脑包围在额头上时，其不仅发挥防止头发紊乱功能，同时使得女性仪容更加整洁端庄，此外还可在寒冷季节用于遮挡刺骨的风寒，为佩戴者带来一份温暖与舒适。脑包既实用又美观，成为满族女性日常生活中不可或缺的重要部分。在被誉为中华古典文学巅峰之作的《红楼梦》中，贾母这一角色即在日常生活中佩戴脑包。该细节描写不仅生动地展现出贾母作为贾府最高权威、尊贵无比的贵族女性的身份地位，同时在无形中透露出她对传统文化的深厚情感以及传承意识。通过这一小小的头饰，后人可以窥见满族女性在服饰文化上的独特韵味以及精致追求，以及她们在传承与弘扬民族文化方面所做出的不懈努力。

三、耳套

耳套是小巧且贴心的配饰，其被赋予充满温情和关怀的称谓——"暖耳"或"护耳"，如图 1-29 所示。耳套不仅是一款专为抵御严冬寒冷而精心设计的实用饰品，同时将保暖功能与装饰美学巧妙结合，以此有效展现出无与伦比的创意与匠心。其独特的设计理念以及温暖人心的实用性，赢得满族妇女的青睐与推崇，成为冬日生活中不可或缺的一部分。该款精致的佩饰，蕴含着满族妇女无尽的匠心独运以及精妙绝伦的设计思维，是她们智慧的结晶，每一针每一线中均倾注满族妇女对生活的热爱以及对美好事物的执着追求。细腻的针脚不仅织就耳套的温暖与舒适，同时编织出一幅幅关于爱与美的动人画卷。耳套在实际应用中展现出极高的实用价值以及审美价值，其不仅可有效地阻挡冬日寒风，保护耳朵免受冻伤之苦，同时也以其时尚的外观以及独特的设计，成为冬季里一道亮丽的风景线。满族妇女佩戴着各式各样的耳套行走在街头巷尾，不仅为自己带来温暖，也为冬季增添一抹别样的色彩与生机。小巧而精致的耳套如同一朵朵绽放在冬日里的花朵，散发出独特的魅力以及光彩。

图 1-29　蓝缎地平针绣蝶恋花耳套

从功能性角度进行分析，耳套的主要作用在于为人们的双耳构筑抵御寒风的坚实防护层，使之免受冬季极端严寒气候的无情侵袭。在银装素裹、寒风凛冽的冬季时节，耳朵作为人体暴露在外且相对脆弱的部位之一，其皮肤与血管结构较为敏感，极易受低温环境刺激以及影响，该刺激不仅会引发耳部出现不适感，如刺痛、麻木等，在严重情况下甚至可能导致冻伤等后果，给人们的健康带来潜在威胁。而佩戴耳套则如同一股暖流般为人们的双耳提供相应保护。耳套所用的柔软而保暖的材质可紧密地贴合在佩戴者的耳朵周围，形成一道温暖的屏障，有效隔绝外界的冷空气与寒风，为人们带来持续的温暖与舒适感受。无论是在户外悠闲地漫步，感受冬日的宁静与美好，还是投身于激情四溢的滑雪运动中，享受速度与激情的碰撞，抑或是进行其他丰富多彩的冬季活动，耳套均可如影随形地陪伴在佩戴者的身旁，成为其最忠诚的伙伴。耳套不仅可让人们在享受冬日独特魅力与乐趣的同时免受寒冷之苦，同时可保障双耳的安全与健康，让人在寒冷季节里也可拥有温暖如春的体验。由此，耳套不仅是冬日里不可或缺的重要时尚配饰，同时是保护耳朵免受严寒侵袭的重要工具，可以极大地提升人们在冬季的生活质量。

在耳套材料选择中，设计者进行深入考量，在充分考虑不同使用者的舒适度感受与保暖需求基础上，力求在所有细节上达到极致。通常情况下，耳套主体部分主要采用柔软细腻、质感高级的缎料，或选用透气性较强的天然布料。此类精选材料具备轻柔亲肤特性，可有效确保使用者即使长时间佩戴，也可持续体验到舒适与自在，仿佛耳朵被轻柔的云朵所环绕。同时为进一步增强耳套保暖性能，并赋予其更丰富的层次感以及时尚感，众多设计巧妙的耳套会巧妙地利用各种珍贵稀有的毛皮作为装饰。所选用毛皮材料如奢华的狐皮，可有效展现出自然界的灵动以及野性美感；或柔软的羊皮，该材料以温暖细腻的触感而受到广泛欢迎。相关毛皮材质在功能层面发挥关键作用，其卓越保暖性能可有效抵御刺骨的寒风，为佩戴者的双耳提供坚实的保护屏障，切实保障耳朵在严寒的冬季也可感受到如春日般的温暖。更为关键的是，毛皮材料的融入可为耳套整体增添难以言表的高贵以及奢华气质。当使用者佩戴如此一款既保暖又时尚的耳套出现在冬日街头时，必然将成为一道独特而耀眼的风景线，使佩戴者可在寒冷的冬季自信地展现自身的优雅与风度。

四、足饰

在清朝时期，汉族女性依然遵循传统习俗穿着形形色色的弓鞋，相关弓鞋以优美的线条以及精湛的工艺，构成了汉族女性传统服饰关键元素。而满族女性则展现出截然不同的鞋履风格，其普遍穿着特制的木制平底或高底平头旗鞋，该独特的鞋履不仅彰显满族女性的社会地位，同时因其专属旗人女性穿戴的特性，被赋予"旗鞋"名称，成为满族女性服饰文化中的独特风景，深刻地印记在历史的长河之中。

旗鞋在鞋底设计方面展现出非凡的匠心以及创新性，其主要分为平底以及高底两大类别。平底旗鞋结构设计较为精巧，虽然其鞋底看似简单，但实际上与当时朝靴在结构层面有相似之处。鞋底厚度为 4~5 厘米，可恰到好处地提升穿着者身高，同时可有效保持稳定性以及舒适性目标。需重点注意的是，鞋底前部采取翘起设计，其高度经过精心计算，与鞋面形成巧妙平衡，并塑造出独特的视觉美感，既增加鞋子的灵动性，同时有效凸显出穿着者的尊贵以及优雅。平底旗鞋的鞋口主要采取方形设计，该设计不仅可为穿着提供便利条件，同时也为旗鞋增添了古朴与典雅的气质。根据季节变化，平底旗鞋可细分为夹鞋以及棉鞋两种，以适应不同气候条件下的穿着需求。在样式设计层面，除鞋底前部的独特翘起设计外，平底旗鞋其余部分与当前部分农村地区男性所穿着的方口齐头布鞋在整体层面有相似之处，均透露出简约而不失大方的美感。平底旗鞋的魅力远不止于此，其鞋面上通常以各种精美图案进行装饰，相关图案设计不仅精巧细致、色彩丰富，同时富含深厚的艺术韵味以及文化内涵。在相关鞋面纹饰中，慈禧太后所穿的明黄色凤头鞋是最具代表性的典范之作。该鞋的鞋帮两侧，以精细的针法绣出五彩斑斓的凤尾图案，每根凤尾均栩栩如生、飘逸灵动，鞋脸两侧则绣有光彩夺目的凤翅，仿佛可随时准备展翅高飞，而鞋面正中央部分则是展翅欲飞的凤凰主体，主要包括强壮且美丽的身躯、高高昂起的颈部以及凤头，所有细节均刻画得淋漓尽致、栩栩如生。整双鞋的绣工精巧、色彩和谐、形象生动，展现出清代宫廷服饰文化的精湛技艺以及深厚底蕴，令人叹为观止。

清代女性鞋履中，高底鞋以独特的民族特色以及韵味，成为服饰文化中的瑰宝。该鞋种最显著的特征在于其鞋底设计，中央部分即脚掌下方，巧妙地安置有高度达十余厘米的底座。该底座制作设计较为精细，其主要采用多层细腻洁白的布料，通过精细的纳底工艺层层裱糊，切实保障其结构稳固性，并有效提升穿着舒适度。依据底座形状差异，高底鞋可细分为马蹄底、花盆底以及元宝底三种风格迥异的款式。马蹄底鞋鞋底与马蹄类似，线条流畅且富有动感；花盆底鞋鞋底与花盆类似，底部略微向外扩张，整体呈现出端庄、优雅特点；元宝底鞋的鞋底呈元宝状，造型圆润饱满，象征富贵与吉祥。相关鞋子的命名直观反映出其各自独特的鞋底形态。在鞋口设计方面，高底鞋同样关注细节，常镶嵌有精美的边饰，部分鞋子仅镶一道，简约且不失雅致，部分鞋子则镶有两三道乃至更多，层次丰富且更显华丽。鞋面上普遍绣有各式花卉以及动物纹样，色彩斑斓、栩栩如生，不仅可充分展示出高超的刺绣技艺，也有效体现出人们对美好生活的向往以及追求。在具体制作过程中，工匠普遍会利用多种刺绣以及堆绣手法，将彩绸剪成各种图案，随后用细线将其精心钉缝在鞋面上，使高底鞋均成为独一无二的艺术品。此外，高底鞋基于季节与场合差异，可细分为夹鞋与棉鞋两种。夹鞋主要采用短脸敞口设计，整体轻便透气，可满足春夏季节穿着需求；而棉鞋则多采用长脸紧口骆驼鞍式设计，保暖性能极佳，可满足秋冬季节或寒冷天气穿着需求。清代满族妇女日常生活中主要穿着平底鞋，而在结婚、节日等重要庆典活动时，才会更换独具特色的高底鞋。高底鞋在实际穿着中不仅可以显著增加女性身高，使其显得更挺拔与自信，同时可避免在雪地或泥泞路段行走时，鞋面上的绣花受到污损影响。然而需注意的是，由于高底鞋存在行走不便的缺点，因此在清朝灭亡后，该鞋子逐渐在百姓的日常生活中消失。尽管如此，高底鞋作为满族传统服饰文化的重要组成部分，其依然在现代节日庆典中焕发新生机。高底鞋不仅是满族女性服饰标志性元素之一，同时是承载深厚的历史文化底蕴以及民族情感的珍贵遗产。在当前时代背景下，高底鞋依然以其独特的魅力，吸引人们目光，并成为展现满族传统文化魅力的重要载体。

清代女性鞋履的款式呈现出前所未有的多样性与精致性，除上述鞋履外，便鞋也是日常生活中极为普遍且受到女性青睐的鞋类，其拥有雅致且富有诗意的名称——绣花鞋。绣花鞋鞋底相较于当时流行的旗鞋而言，更为轻薄灵巧，其设计理念为，确保女性在日常行走中的舒适度以及便利性，可完美体现实用功能以及审美价值和谐统一。便鞋制作材料较为丰富，其中涵盖多种质感以及风格的材质。部分便鞋采用细腻光滑、光泽度极佳的缎子，可展现出高贵典雅的气质；部分则选用柔软温暖、触感极佳的绒料，可为穿戴者提供温馨舒适的穿着体验；还有部分绣花鞋运用质朴耐用、透气性良好的布料，兼具经济实惠以及日常打理目标。相关材质在选择中不仅可以有效满足女性对穿着舒适度的追求，同时也为鞋子增添了观赏性以及艺术价值。在鞋面设计方面，便鞋同样展现出独特的魅力。鞋面相对浅而窄，线条流畅且优美，整体较为精巧雅致、别具一格。鞋帮上则绣有栩栩如生、精美绝伦的花卉鸟兽图案，充分展现出匠人精湛的刺绣技艺以及无尽的创意；也有匠人采用挖云式的如意头设计于鞋头部位，既可增添设计层次感，同时赋予其吉祥如意的美好寓意。鞋面上巧妙的装饰有单梁或双梁设计，不仅可发挥加固鞋身、增强稳定性作用，还成为鞋子的主要亮点，使其更加引人注目。

清代男性鞋履的穿着主要反映出身份、阶层差异以及社会地位差异。皇帝及各级官员在正式场合穿着制作精美、用料考究的靴子，这不仅是穿着者尊贵身份的象征，也是当时宫廷与官场烦琐而严格的礼仪规范的要求。而广大士人阶层，受限于经济条件以及社会地位，主要穿着朴素无华、简洁大方的黑布鞋，这种低调且务实的穿着方式体现出淡泊名利、注重实际的品质。体力劳动者受工作性质以及环境特殊性影响，其主要穿着结实耐用、轻便灵活的草鞋。草鞋不仅可有效适应各种艰苦的劳动环境，还可帮助其在劳作中保持灵活的步伐以及稳定姿态。然而，到了清末，随着社会不断变迁以及人们观念逐渐转变，鞋履穿着上的阶层差异严格性和分明性逐渐被削弱，不同阶层间开始出现鞋履互相穿戴现象，一定程度上反映出当时社会风气的开放以及民众思想进步。

五、挂饰

在挂饰方面，《新唐书·黑水靺鞨》一书详细记载黑水靺鞨部落的特殊习俗。该部落成员会将长发编成辫子，并在发辫上以野猪牙和色彩斑斓的雉尾进行装饰，以此作为彰显部落特色的独特冠饰。而近年来对乌苏里江沿岸、黑龙江东康地区及兰岗等地的考古研究发现，满族先民对骨类佩饰的崇尚远早于《新唐书·黑水靺鞨》的记载。在相关骨类佩饰中，爪饰、角饰以及牙饰尤为突出，尤其是野猪牙饰，其独特造型以及寓意使其受到满族先民的青睐。满族及其先民中流传的猎谚"一猪二熊三老虎"，充分反映出猎人对野猪凶猛特性的敬畏，同时体现其面对困难时的勇敢和坚韧。野猪作为重要的狩猎对象，为满族提供重要食物来源，并在萨满教的神验仪式中扮演着关键角色。在萨满教的神验仪式中，若斗士可以凭借勇气和智慧杀死野猪并取得其獠牙，将被视为"神助"的象征，预示部落在未来生活中享有吉祥和顺利。此时萨满会将野猪獠牙穿孔后授予斗士，以表彰其英勇。其他族人也会争先恐后地获取野猪骨，将其磨制成精美的佩饰，并佩戴于腰间，以求得野猪所象征的勇敢和力量。由此满族先民对野猪牙饰的崇尚不仅体现出其深厚的信仰，同时也反映出满族先民崇尚勇敢、坚韧和不屈的民族性格。在满族社会中，英勇的男性巴图鲁（勇士）通常会将象征公野猪勇猛与力量的獠牙佩戴于胸前，而女性则佩戴野猪门牙，以展现其柔美以及优雅。满族男女青年成年时，萨满或穆昆达（族长）会举行仪式，将野猪牙灵佩赐予他们，并佩戴于前额上，这不仅是对其成年身份的正式承认，也是对未来生活的美好祝愿。青年男子名字将被记录在宗谱上，他们也将骑马射箭，展现豪情；而女子则开始学习家务，准备迎接婚姻生活。

此外，满族服饰配饰中，还存在佩石饰的传统。在古典文学巨著《红楼梦》中，曹雪芹以细腻入微的笔触，描绘主人公贾宝玉的非凡降生。贾宝玉出生时，口中含有"通灵宝玉"，这块宝玉成为他生命与灵魂的缩影，与贾宝玉紧密相连，并成为其不可或缺的标识。该情节设计不仅充分展示出曹雪芹卓越的文学想象力和创造力，也深刻反映出满族文化中对石头的崇敬以及信仰，充分揭示出满族崇石民俗意识的悠久历史与深厚文化积淀。在探究满族佩戴石饰传统的历史时，发现其根源可追溯至远古时期，与萨满文化存在密切联系。萨满作为满族及其先民的精神领袖以及信仰守护者，在举行神圣庄严的仪式时，通常佩戴由石头精心雕琢的腰铃。相关石铃被视为连接天地、沟通自然与神灵的神圣媒介，其中承载重要的神圣使命。满族对石饰的偏爱与崇敬，与萨满教中灵石崇拜观念有密切联系。在萨满教的自然崇拜体系中，石神——卓禄妈妈与卓禄玛法占据重要地位，其在满族文化中是守护族人、赐予福祉的神祇，受到满族人民的虔诚奉祀。无论是祈求平安还是丰收，满族人民均会向石神表达最诚挚的祈愿与敬仰。此外，值得注意的是，萨满教对火神的崇拜尤为显著。在古老神话传说中，火神突额姆无私奉献，将自身光焰以及毛发化为星辰以及照亮人间。然而火神却因失去光芒与庇护隐匿于石头中。该传说进一步加深满族人民对石头的敬畏与崇拜。清朝时期，满族人对石头的尊崇以及信仰并未随时间流逝而减弱，反而以更为庄重神圣的形式体现在贵族官员的服饰上，即顶戴。该权力、地位与尊荣的象征，不仅是满族先民石饰习俗的延续以及创新，同时反映出满族人民对石头的深厚情感与独特理解。

荷包作为承载丰富文化内涵以及精湛工艺的手工艺品，其别称繁多，如香囊、香荷包、锦囊及香袋等，相关称谓均生动地描绘出其形象与功能（见图1-30）。荷包的历史源远流长，最早可追溯至汉代以前，但其广泛流行则在唐代以后，随着时间不断推移，荷包独特的文化魅力越发显现。对于满族而言，其所流行的荷包发展也经历了从最初的功能性逐渐转变为兼具审美与文化价值的装饰品历程。满族佩戴荷包的传统可追溯至唐代，但佩戴荷包成为全国性时

图 1-30　荷包

尚潮流则是在满族入关后。在此发展历程中，荷包不仅体现出满族人对生活实
用性的追求，也融入丰富的文化意蕴，并逐渐成为满族服饰文化中的璀璨明
珠。满族先祖女真人在早期狩猎生活中，通常会在腰间系挂一种名为"法都"
（fadu）的物件，实际上即是满族服饰配饰荷包香囊的前身。法都主要以兽皮
为原料进行制作，其内部可装载食物，囊口则利用皮条紧束，方便在长途跋涉
中随时取用。此时期的荷包更侧重于实用性，整体体积较大，形态较为质朴，
装饰性元素尚不明显。随着女真部族逐渐壮大以及与汉族交流日益频繁，女真
贵族受汉族文化影响的程度逐渐加深，荷包等小挂件的制作材料逐渐由传统的
兽皮转变为绫罗绸缎等丝织品。以丝织品为材料制成的荷包、香囊等小挂件，
不仅保持原有的实用性，同时以其精美的造型和丰富的色彩，成为满族服饰中

不可或缺的装饰元素。该转变不仅充分凸显出荷包的装饰性，同时成为满族服饰文化中不可或缺的组成部分。对于满族女性而言，其对荷包的喜爱更是显而易见。满族女性通常会将荷包、香囊等精致挂件挂在大襟嘴上或旗袍领襟间的第二个纽扣上，以增添自身的优雅气质。而年长的妇女更倾向于将荷包与巾子进行搭配，挂在腋下，如此既方便使用，又可有效展现独特的民族风情。在清代时期，荷包几乎成为全民喜爱的配饰。无论是尊贵的皇帝、贵族，还是地位低微的奴仆、平民，均热衷于佩戴荷包。为充分满足该广泛需求，清廷宫中设立有专门机构制作荷包。该机构每年会制作大量荷包，并交由执事太监妥善收贮，以备不时之需，如历史资料中"衣库每年成造荷包二百对，交执事太监处收贮预备赏用"的记载，充分说明当时荷包在宫廷中的普及程度以及在满族服饰文化中的重要地位。

清朝时期，朝廷恪守着一项具有悠久历史和深刻文化内涵的传统习俗：每逢农历年末，即岁末之际，皇帝会向亲王、郡王及朝中重臣赏赐精心制作的荷包。赏赐所用的荷包工艺精湛，其中富含深意，象征"岁岁平安"的美好愿景，以此作为对臣子一年来勤勉尽职、忠诚服务的肯定与奖赏。此外，在一年中的重大节日以及节气时，如春节、端午、中秋等，皇帝也会慷慨赐予朝臣金银器皿、珠宝玉石、丝绸织物等赏物，以彰显皇恩浩荡、普天同庆的盛世景象，同时也是为加深君臣间的情感纽带，借此强化国家的凝聚力。接受皇帝赏赐的朝臣，也会将荷包悬挂在朝服领襟间，以表达自身的崇敬与感激的心情，同时彰显皇恩的荣耀。然后，接受赏赐的朝臣会在宫门外列队，身着华美的朝服，面带恭敬之色，等候向皇帝表达感激之情，这个场面庄重且肃穆。如乾隆三十年（1765 年），总管太监王成传旨："今年需由皇宫内的衣库精心制作绣花大荷包五十对，荷包需设计新颖、图案精美，寓意吉祥、制作精良，务必在年底前完成并呈交。"此指令充分反映出皇室对荷包制作技艺的重视程度以及严格要求，同时显现出清代荷包文化的繁荣与精致，充分展现了当时宫廷艺术的极高水平。

清代荷包以花色品种丰富多样、应用范围广泛而著称于世，其制作工艺之精湛、文化内涵之深厚，超越历史上任何一个朝代。清代荷包形状多样且各具特色，如象征爱情与浪漫的心形荷包、寓意长寿与健康的桃形荷包，以及代表吉祥与富贵的葫芦形、书卷形、元宝形、方形荷包等。相关荷包上通常会绣有精美绝伦的图案或寓意深远的文字，所绣图案有花鸟虫鱼的灵动之美、十二属相的趣味盎然、祥禽瑞兽的神秘莫测，以及戏曲故事的生动再现、戏剧脸谱的传神描绘、风景的秀丽多姿、博古图的雅致古朴等。而所刺文字主要为吉祥用语和祝福颂词，如"福寿双全""子孙满堂""国泰民安"等，以此传递人们对美好生活的无限向往以及热切追求。在满族人民生活中，荷包扮演着重要角色，其不仅可发挥表达爱意、联络感情的信物作用，同时可作为彰显身份地位、祈求平安幸福、健康长寿等内心愿望的载体。然而，随着近代社会急剧变迁以及生活日益现代化，荷包的应用范围逐渐缩小，制作技艺传承者同样日益减少。该现象不仅是对传统手工艺的巨大冲击以及严峻挑战，同时是民族民间整体文化生态失衡以及文化水土流失的重要缩影。这种情况提醒后人，必须提高对传统文化技艺的重视程度，并采取有效措施珍视与保护珍贵的文化遗产，使其在新时代焕发出更加绚丽的光彩。

满族早期枕头的设计独具特色，其形态主要以规整的长方形为主，而尺寸主要根据使用者需求以及偏好进行灵活调整。满族枕头整体结构较为精巧，主要由枕套以及枕顶两部分构成。其中，枕顶设计尤为精妙，主要以对称的正方形绣片形式置于枕头两侧，借此保障枕头在使用中保持方正挺括的形态，有效防止枕头出现变形情况。随着时间推移以及社会发展进步，满族枕头设计也逐渐融入更多元素以及创意。枕顶在保持本质的支撑功能同时，所绣制图案也提升了枕头的装饰性，使其整体外观雅致性大幅提升。满族女性会利用精湛的刺绣技艺，在枕顶上绣制出丰富多样的图案，相关图案不仅美观，而且蕴含吉祥如意、幸福美满等美好寓意，其中可展现出满族女性高超的刺绣技艺以及对美好生活的向往。在满族文化传统中，枕头顶还具备更深层次的意义，其不仅是日常生活必需品，同时是评价满族女性品德修养以及才智的重要标准。满族女性能够绣制出技艺高超、图案精美的枕头顶，是其具备贤惠持家、心灵手巧等素质的重要标志。由此，满族女性对枕头顶的制作重视程度极高，无论家庭经济状况如何，都会在家中精心设计图案，倾注心血和情感进行绣制。绣制和缝纳枕头顶成为满族女性出嫁时不可或缺的嫁妆，承载着她们对未来婚姻生活的美好愿景和深情祝福，象征着幸福、吉祥与圆满。

幔帐套作为一项精致的家居用品，其主要功能在于整理和妥善存放用于炕上的幔帐。在满族传统居住环境中，幔帐套扮演着至关重要作用，其可充分体现满族人民的智慧和创造力。满族居室内，通常会设置一种名为万字炕的取暖与休息设施，其可为满族人民提供温暖舒适的居住环境，是其日常生活中不可或缺的组成部分。为在保持室内温暖的同时保障日常起居便利性，满族人在南北炕间，尤其是在夜晚就寝时会悬挂幔帐。幔帐的主要功能与现代家居中的隔帘较为相似，其可有效地划分出不同生活空间，为居住者提供相对独立以及私密的休憩区域，同时也为居住空间增添一份温馨与宁静。当白昼到来时，为保持室内通透性以及整洁性，幔帐通常会被卷起并妥善收纳。此时，幔帐套以其独特的功能与魅力，成为满族人民生活中不可或缺的辅助工具。幔帐套通常采用长方形设计，尺寸适中，可轻松容纳卷起，该设计既可有效节省空间，同时可有效保持室内整洁性以及美观性。需重点注意的是，幔帐套两面通常绣有细腻精美的图案。这些图案不仅色彩鲜艳、工艺精湛，同时富含深意，可反映出满族人民对美好生活的向往与真挚祝福。其不仅是对美的追求，同时也是对满族文化的传承与弘扬。通过深入细致的观察可以发现，相关刺绣图案巧妙地融合有满族的文化元素以及审美观念，可有效展现满族人民的独特民族特色，反映其对幸福生活的深切期盼与执着追求。如图 1-31 所示，可以欣赏到既富有艺术魅力，同时蕴含深厚文化内涵的幔帐套。幔帐套不仅是满族人民日常生活中的实用家居用品，同时也是满族文化传承与发展的重要载体，其中承载着历史记忆以及民族情感，值得我们深入品味与珍视。

图 1-31　白缎镶黑缎边花卉幔帐套

除上述配饰外，本书还探讨清代服饰文化中多种具有代表性的挂饰，如褡裢、钱袋子、扇套等，其各自承载着丰富的历史文化意涵。褡裢作为一种古老的佩饰，其历史可追溯至古代，最初设计为一种实用的携带工具，主要用于挂在肩上或马背上，以盛放出行中的日常必需品。其独特的细长形制、中间开口以及两侧对称的袋子设计，不仅具备较强实用性，同时颇具审美价值。我国古代服饰中未设口袋，由此褡裢便充当类似现代口袋的功能，成为便携式储物工具，其可视作口袋的前身。清代时期，褡裢的功能逐渐发生转变，成为腰间流行的装饰品。清代文献《都门竹枝词》中对褡裢的描述，生动地反映出褡裢在清代社会中的普及以及流行度。

　　钱袋作为满族荷包文化的具体体现，其是专为携带货币而设计的袋子，由此也被称为钱荷包。满族游牧生活需求促使钱袋子产生，以用于携带碎银等钱币，充分体现满族人对实用性的追求。随着审美观念不断提升，钱袋的审美价值逐渐凸显。清代钱袋上通常会绣制龙凤呈祥、花鸟鱼虫等图案，此不仅可有效美化钱袋外观，同时可以赋予其更深层的文化内涵以及象征意义。

　　扇套作为清代贵族阶层的常见装饰品，其主要由丝绸或缎子为材料制成，其上通常绣有精致图案及诗句，以此增添文化氛围与审美价值。扇套的扁筒形设计，底部椭圆，口部略宽，设有系扣盖子，可方便携带并有效保护扇子。扇套并非满族游牧生活必需品，而是在清中期以后的宫廷佩饰发展后出现的，该配饰出现后有效丰富了宫廷佩饰的种类和样式，并增添宫廷生活的独特色彩以及韵味。

　　到清代晚期时，随身携带小件绣品种类发展繁多，如眼镜盒、怀表套、烟袋、火石袋等，其均成为当时民众日常生活中不可或缺的配饰以及装饰。宫廷中可见一套完整的九件挂饰组合，主要包括荷包、扇套、槟榔套、鞋拔子、眼镜套、扳指套、怀表套及名片盒等。相关挂饰不仅充分展现当时民众的审美趣味以及工艺水平，同时反映出宫廷文化的丰富内涵以及独特魅力。这些挂饰既是实用性的工具，同时具有艺术品般的存在价值，为清代社会增添无尽的色彩和活力。

第二章 满族服饰图案

第一节 满族先祖服饰图案

一、动物

在金朝的特定阶段，服饰图案展现浓郁的民族风情，成为女真族文化的重要载体。其中，最为引人注目的莫过于绣有鹰（鹘）捉鹅（见图 2-1）并点缀着花卉图案的春日服饰，以及以熊和鹿在山林间为主题的秋日服饰。这些图案不仅美观大方，更蕴含着深厚的文化内涵和象征意义。

春日服饰中的鹰捉鹅图案，生动展现女真族狩猎生活的场景，体现他们对自然界的敬畏与崇拜。鹰作为猛禽之王，象征着力量与勇气；鹅则代表着温顺与富足。这一图案的组合，既展现女真族的狩猎技能，又寄托他们对美好生活的向往。同时，各式花卉的点缀，为服饰增添春日的气息，使整体图案更加生动活泼。

秋日服饰以熊和鹿在山林间为主题，展现女真族与大自然的和谐共处。熊作为山林中的霸主，象征着力量与坚韧；鹿则代表着温顺与灵动。这一图案不仅反映女真族对山林生活的热爱，还寓意他们对自然界的敬畏与保护。同时，山林间的景致也为服饰增添一抹秋日的宁静与祥和。值得注意的是，这些图案

图 2-1　鹘捕鹅图案

中的动植物元素并非仅仅为美化服装，它们还承载着迷惑猎物、自我防护的象征意义。在女真族的狩猎文化中，服饰图案被赋予神秘的力量，被认为能够助力猎人在狩猎过程中取得更好的成绩。这种将实用与审美相结合的设计理念，体现女真族服饰的独特魅力与价值。

秋季的山林，仿佛是大自然精心编织的一袭华服，而熊与鹿，则成为这山林服饰中最为灵动的象征。它们不仅是这片土地的居民，更是设计师笔下跃动的灵感源泉。在考量骑行便捷的同时，将这两者的形象巧妙融入服饰设计之中，既展现人与自然和谐共生的理念，又赋予服饰以独特的文化内涵和审美价值。

回溯至金代，那是一个对飞禽走兽元素情有独钟的时代，尤其是鹿的形象，更是被赋予极高的艺术地位。在松花江下游的奥里米金墓中，一块玉透雕牌上的赤鹿图案，至今仍让人叹为观止。公鹿以其角长背直、威武不屈的姿态，彰显着自然界的雄浑力量；而母鹿则回首凝视，眼神中流露出温柔与典雅，仿佛诉说着对这片土地的深深依恋。两侧的小树，不仅点缀画面，更象征着鹿在林间悠然自得的生活，完美捕捉游牧民族对于自由与宁静生活的向往，展现了他们独特的装饰风格与审美情趣。

这种对鹿的偏爱，并非孤立存在。在兰州中山林金墓的雕砖上，同样可以看到众多鹿纹的精彩呈现；而山西稷山马村、化峪等地的金墓中，鹿纹图案更是丰富多样，有的鹿悠闲地踱步于林间小径，有的如箭般疾驰，每一幅画面都充满浓郁的生活气息和生动的动态美，让人仿佛能听到林间鹿鸣，感受到那份来自远古的呼唤。这种对鹿的崇拜与喜爱，自然而然地延伸到服饰设计之中。《金史·舆服志》中明确记载女真族服饰上采用"熊鹿山林"图案的实例，这不仅是对自然界美的直接反映，更是一种文化符号的传承。鹿，因其与"禄"谐音，在中国传统文化中象征着吉祥与富贵，这样的设计不仅美观大方，更寄托人们对于美好生活的向往和追求。因此，秋季的山林服饰，以熊和鹿为设计核心，不仅是对自然之美的颂歌，也是对金代装饰艺术的一种现代诠释，更是对吉祥文化的深刻传承。它让每一位穿着者，都能感受到那份来自远古的祝福，仿佛与山林同呼吸，与鹿共舞，体验一场穿越时空的文化之旅。

明清时期，尽管在官方的服饰体系中，鹿的图案并未被纳入官员补服的序列，但它在民间却依然保持着极高的流行度与喜爱度。鹿，这一自古便与吉祥、富贵紧密相连的动物形象，常与"福""寿"等字样巧妙结合，形成"福禄寿"这一深入人心的吉祥组合，寓意着幸福、长寿与富贵，广泛出现在民众的日常生活用品、建筑装饰以及服饰图案之中，成为民间艺术中不可或缺的一部分。

与此形成对比的是，金代官员的服饰则展现出另一番风貌。金代的服饰制度在金世宗时期得到进一步的规范与细化，金绣装饰成为彰显官员身份的重要标志。胸、肩、袖等显眼位置，均被精美的金绣所点缀，而花朵的大小成为区分官职高低的重要依据。三品以上的高官，其服饰上的花朵可达五寸之大，六品以上则为三寸，至于低级官员，则穿着相对朴素的芝麻罗，其上花纹繁复多变，既有大独科花、小独科花的雅致，也有散搭花、小杂花的活泼，更有芝麻型花的细腻，以及无纹的简约，这些花纹不仅装饰衣物本身，也被巧妙地运用到佩饰之上，使整个服饰体系既统一又富有层次，如图2-2所示。

图2-2 金代佩饰

在更为庄重的仪仗服饰中，金代更是将图案装饰的艺术推向极致。孔雀、对凤、云鹤、对鹅、双鹿、牡丹、莲花、宝相花等图案，被精心挑选并巧妙组合，既展现金代服饰的华丽与繁复，又蕴含深厚的文化内涵与象征意义。特别是宝相花的使用，通过其大小的不同，巧妙地划分官阶的高低，既体现服饰的礼仪性，又展现设计者的匠心独运。值得注意的是，金代服饰图案的题材与唐宋时期的汉族装饰图案有着明显的继承关系，如孔雀、云鹤等元素，都是唐宋时期常见的吉祥图案。而在图案形式上，金代更多地借鉴元代的风格，展现出一种跨时代的融合与创新。这种既继承又发展的服饰文化，不仅丰富中华服饰的宝库，也为后世留下宝贵的文化遗产。

满族，这一在历史洪流中逐渐形成的族群，其身份并非静止不变地沿袭先祖，而是历经从肃慎到女真，再到满族的漫长演变。这一过程中，它融合众多部族的血脉与文化，形成独特的民族特色。在生产与生活模式上，满族与先辈有着诸多相似之处，从而得以继承并发展丰富的文化传统。而满族服饰，作为这一文化传承的重要载体，既承载着女真族的深厚渊源，又展现出满族独有的风采与魅力。满族服饰的独特性并非凭空产生，而是在继承先人衣饰文化的基础上，经过长期的发展、丰富和改进逐渐形成的。在满族的传统服饰中，我们不难发现其先祖留下的深刻印记。例如，旗袍的款式透露出女真族服饰的影子，其色彩的运用和图案的装饰充满了女真族的韵味。然而，满族服饰并非仅仅是对女真族服饰的复制，它在保留传统元素的同时，巧妙地融入新的设计理念与审美观念。

满族服饰的演变，既体现对传统的尊重与继承，又展现满族人的创新精神与审美追求。在满族服饰中，旗袍是最为典型的代表。它以其独特的款式、精致的工艺和丰富的文化内涵，成为满族服饰的瑰宝。旗袍的款式多样，既有长及脚面的传统款式，也有经过改良后的短款、修身款等，可满足不同场合和不同年龄层女性的需求。同时，旗袍的色彩和图案也极为丰富，既有鲜艳夺目的红、绿、蓝等色彩，也有精致细腻的绣花、图案等装饰，展现满族服饰的华丽与多彩。由于满族先民有火葬习俗，加之在金代以前，满族作为少数民族，其历史资料相对匮乏，尤其是服饰及织物质料方面，因不易保存，遗留至今的资料极为有限，这给研究满族服饰的发展脉络带来不小的困难。然而，学者并未因此放弃，而是积极寻找其他途径来还原满族服饰的本来面目。他们依赖于存世的器皿纹饰、文献记载以及当时的社会背景、经济状况、政治结构等多方面资料，通过细致入微的研究和推理，逐渐揭开满族服饰的神秘面纱。满族服饰作为满族文化的重要组成部分，不仅体现了满族人的审美追求和生活习惯，更承载着满族的历史记忆和文化传承。其如同一面镜子，映照出满族在历史长河中的演变与发展，为我们提供了解满族文化的重要途径。

在研究过程中，我们发现满族服饰的发展与当时的社会环境密切相关。例如，在清朝时期，随着满族地位的提升和统治范围的扩大，满族服饰逐渐成为一种身份的象征。不同等级、不同身份的人所穿的服饰有严格的区分，这不仅体现在服饰的款式、色彩上，更体现在服饰的质地和装饰上。这种服饰制度的建立，不仅彰显了满族的统治地位，也促进了满族服饰文化的进一步发展。同时，满族服饰还受到中原服饰文化的影响。在长期的交流与融合中，满族服饰逐渐吸收中原服饰的某些元素，如汉服中的对襟、盘扣等设计，使满族服饰在保持自身特色的同时，呈现出一种兼容并蓄的文化风貌。

肃慎人，作为满族的先祖，其历史可追溯至我国东北地区最早出现在古代文献中的记载。他们不仅是那片黑土地上的古老民族，更是与中原华夏族群有着深厚历史渊源的群体。《竹书纪年·五帝纪》中明确记载："肃慎者，虞夏以来东北大国也。"这句话不仅揭示肃慎人在东北地区的显赫地位，更证明他们与中原文明的悠久联系。早在舜、禹时期，肃慎人便与中原王朝建立了紧密的联系。《大戴礼记·卷七·五帝纪》中提到："帝舜二十五年（约公元前22世纪），息慎氏来朝，贡弓矢。"这里的"息慎"即肃慎，他们向中原王朝进贡弓箭，表明臣服与友好的态度。这种"入贡"与"来服"的关系，为肃慎人与中原文明的交流奠定了坚实的基础。

《吉林西团山石棺发掘报告》为我们揭示肃慎人在父系氏族社会稍晚期的社会状态。那时，他们已经开始经营原始农业，家畜饲养业也相当发达。社会分工明确，女性主要负责纺织、家务及部分农业劳动，而男性则承担起狩猎和捕鱼等艰苦的生产任务。这种分工不仅提高了生产效率，也促进了社会的稳定发展。在居住方面，肃慎人以氏族为单位，居住在长方形半地穴式的居所中。这种居所既适应当时的生产方式，也体现肃慎人的智慧与创造力。他们利用地形和自然资源，建造出既保暖又实用的住所，为族人的生存与发展提供有力保障。

远在肃慎先民的时代，由于生产力的限制以及特定的地理位置和生活环境，他们的服饰相对简单且实用。当时的人们根据生产方式来获取制衣材料，服饰的款式也相对单一。然而，这并不意味着肃慎人的服饰缺乏特色或美感。相反，他们通过狩猎和驯养动物，获得丰富的猪皮、猪毛、貂皮等动物皮毛，这些都成为他们制作衣物的宝贵原料。

肃慎人的服饰以保暖和实用为主，同时融入他们的审美观念和文化特色。他们利用动物皮毛的质地和颜色，巧妙地设计出既符合实际需求又具有民族特色的服饰。这些服饰不仅为肃慎人提供必要的保护，也成为他们身份和文化的象征。随着时间的推移，肃慎人的服饰也在不断地发展和变化。他们逐渐吸收其他民族的服饰元素，形成独具特色的服饰文化。这种文化不仅体现了肃慎人的智慧和创造力，也见证了他们与周边民族的交流与融合。

位于黑龙江宁安市的莺歌岭文化，代表古肃慎文化，而莺歌岭遗址则是文献记载中最早提及的中国北方肃慎人的居住地。从该遗址出土的文物中，我们可以直观地了解先秦时期北方肃慎人的生产和生活状况。例如，出土的陶猪

（见图2-3）显示，当时的家猪正处于从野猪向家养过渡的阶段，这说明肃慎人不仅从事狩猎和捕鱼，养殖家猪也是其重要的生产活动之一。

图2-3　陶猪（莺歌岭遗址出土的肃慎人遗物）

猪作为当时常见的家畜，其普遍养殖为制衣提供了丰富的材料。在裁缝技术出现之前，肃慎人在夏天会直接使用野兽皮毛作为衣物，这种以皮毛为衣的传统形式体现了古代服饰的特点。他们用猪皮制作衣服以抵御寒冷，并且已经学会利用猪毛编织布料，使用一尺多长的布块来遮蔽身体前后。"肃慎人无牛羊，多养猪，食其肉，衣其皮，绩毛为布。有树名雒常，若中原有圣帝即位，则此树皮可制衣"；"习俗皆束发，用布制裙，一尺多长，用以遮前后"；"夏日则赤膊，用尺布遮前后"。随着时间的推移，肃慎人逐渐掌握初步的手工纺织技术，能够将毛皮纺成线、织成布，主要的材料是猪皮和貂皮。左衽是肃慎时期服饰的一大特征，史书中记载中原地区将北方民族的服饰统称为左衽。鉴于肃慎人生活在严寒的东北，他们的冬季服饰主要是为保暖，他们会用猪油涂抹身体来抵御寒冷，穿皮衣、戴皮帽是顺应自然条件形成的着装习惯。挹娄作为古代肃慎族的后代，其服饰明显继承肃慎文化的历史特点。

在范晔所著《后汉书》中，有这样的记载："挹娄，古称肃慎之地……当地产出五谷杂粮、麻织品，矿产赤玉，盛产优质貂皮……居民喜好饲养猪类，食用其肉，并以猪皮制衣。冬季，人们涂猪脂于身，厚约数分，以防风御寒；夏日则多数裸露，仅以尺许布料遮护前后。"挹娄之民已懂得以麻纤维织布，然普遍而言，衣料仍以猪皮为主。貂皮多用于制衣，冬日防寒仍依赖猪油，夏日则几乎全裸，保留肃慎族的传统。所谓的"尺布遮前后"，已显露出遮羞的意图，可见其服饰形制尚处于质朴阶段。在挹娄时期，麻布开始出现，人们开始穿着麻质衣服，标志着从皮毛到麻布的过渡，尽管数量不多，却显示出挹娄人掌握从植物纤维到布料的纺织技术。

貂皮加工技艺得到提升，"挹娄貂"成为中原地区争相求购的贡品。那时，皮衣种类繁多，质地优劣有别，以貂狐为贵，羊鹿皮为贱。具体服饰样式虽不详，但应与肃慎时期相近。满族先民为抵御严寒，曾居住于洞穴之中。汉魏时期，挹娄人生活在深山老林，气候严寒，以洞穴为家，洞穴越深越被珍视。虽然没有实物的服饰出土，但可以推断，挹娄人的服饰是为适应其生活环境，便于行动、居住以及生产活动而设计的，这一时期出现旗袍的前身——左衽窄袖的袍服（便于狩猎和活动），领口、袖口和下摆装饰以毛边，还出现单层夹衣、短袖衫、短上衣等式样。勿吉是继肃慎、挹娄之后，肃慎族的又一称谓。勿吉族在社会组织、经济发展、风俗习惯等方面与肃慎、挹娄大致无异，仅在原有基础上略有进步，多数领域仅是量的积累，尚未引发服饰的根本变革。勿吉时期的服饰，基本上继承肃慎和挹娄的传统，随着生产力的提升，服饰的制作开始注重美观。

勿吉民族不仅将动物皮毛加工成衣，更利用植物纤维进行编织，丰富衣物的材质类型。在该文化中，"女性身着布质裙子，男性则裹着猪皮或犬皮制成的大衣"，这种习俗显然受到当地气候与经济状况的影响。严寒气候迫使男性狩猎时必须身着保暖的皮衣，而女性居于洞穴中，穿着布裙便已足够。女性穿着布裙，说明她们已经掌握织布技术。随着布料的应用，女性裙子与男性皮衣的款式不再仅仅追求实用，而开始追求审美，反映出随着勿吉社会经济、政治和生产力的提升，服饰文化也在逐步进步。

隋唐时期，勿吉被称为靺鞨，由七大部族组成，其中以黑水部最为强盛，成为该时期的主要力量。黑水靺鞨的服饰传统，基本上是在勿吉的基础上发展起来的，女性多穿布衣，男性则以猪皮、狗皮为衣料。在黑龙江宁安县东康二号房基址出土的骨锥、骨针、骨纺轮等物，证明靺鞨人使用布料的历史悠久。尽管皮衣仍旧是主要的着装，但随着与汉族的交流增多，靺鞨人的服饰逐渐受到中原风格的影响，同时仍保留着本民族的特点。由粟末靺鞨建立的渤海国，是满族先祖创立的首个民族政权，为后来的金朝和清朝奠定基础，其服饰文化也影响深远。大祚荣建立渤海国后，该国社会持续进步，至9世纪初期已享有"海东盛国"的美誉。那时，渤海人的服饰与唐朝极为相似，从1980年发掘的渤海贞孝公主墓（792年去世）壁画中，可见当时人们身着各式圆领长袍，腰系革带，脚蹬靴子或麻鞋。与唐朝服饰唯一的区别在于头饰，除戴幞头外，还有梳高髻、系抹额的男性，幞头的款式也与唐朝有所不同。

11~14世纪，中华服饰文化见证了汉族与北方游牧民族的又一次交融。此期间，汉族文化之深厚底蕴与北方民族的服饰风格经过连番的冲突与磨合，最终走向融合，并催生一系列独特的文化特色。在交融的大背景下，女真族的服饰也经历传承、变革与融合的过程。女真一名最早出现在903年（唐天复三年），历史记载显示阿保机在该年对其进行征伐。在不同历史文献中，女真族也被称为虑真、女直、朱里真、诸申等，其根源可追溯至靺鞨以及更早的肃慎、挹娄、勿吉等族，主要由黑水靺鞨衍化而来。在这一时期，女真族的服饰包括辽、金、元、明等朝代的风格。

辽代，女真族的经济相对滞后，其服饰多沿袭前朝传统，以毛皮、麻布及少量丝绸为主要材质。10世纪中叶（北宋初期），辽朝统治下的女真族已向宋朝贡献名马与貂皮。当时，穷者多着用牛、马、猪、羊、猫、犬、鱼、蛇之皮或獐、鹿、麋之皮制作的衣物；而富人则在春夏时节穿着精细的绖丝绵衣物，秋冬则换为用貂鼠、青鼠、狐貉或羔皮制作的皮裘。辽朝的女真人偏爱白色服饰，因无桑蚕，丝绸使用较少，贫富贵贱的差别仅以布料粗细来区分。男子服饰短小而左衽，圆领，窄袖紧身，下摆四开衩；女性则穿着左衽长衫，系以丝带，服装上窄下宽，呈三角形。女性的上衣称为大袄子，短小无领，至膝或腰部，对襟侧开至下摆，袖端细长有装饰，衣身狭窄，以白、青、褐色为主，袖端的装饰是后世旗袍箭袖的雏形。女性下身着锦裙，裙摆两侧开衩，以铁条为圈，外包绣帛，搭配单裙。当时流行的窄袖便服，对襟交领，左衽窄袖，衣长至膝，领襟饰以细绣边。女裙前后面有四幅或六幅，四周开衩，便于活动。辽朝女真族的服饰在原有基础上得到发展，款式更加丰富，贫富差距在服饰上有所体现，服装的功能也从单纯的遮体保暖转向审美与等级区分。

二、花卉

图饰，作为各类装饰图案的集合，常见于衣饰与个人装扮中，它们不仅有美化作用，蕴含着深厚的象征意义，也展现出其独到的审美价值。服装上的设计图案，映射出人类物质文明的重要侧面，它揭示了特定历史阶段一个民族的政治倾向、经济状况、文化风貌以及审美趣味，也映射出民族间的交流融合以及服饰风格的演变与新生。这些精致的衣饰图案，既是对美好愿景的直接表达，也是对理想生活的渴望和对纯朴思想的追求，它们在某种程度上映射了当时人们的审美趋向、价值理念和社会风貌。

满族，作为中华民族的一分子，起源于白山黑水之间的原始森林，其文化在悠久的历史长河中不断孕育，不仅彰显了自身的民族特色，也为中华民族的文化宝库增添了财富。满族的传统服饰图案，是与该民族文化紧密相连的象征，它是中华民族服饰文化中不可分割的一部分。这些图案在传承中保留了满族千年来的习俗，同时吸收融合其他民族的服饰设计精华，进一步强化民族特色，展现其民族性、地域性、融合性、象征性、等级性、审美性和传承性的多重特性。满族服饰图案随时代变迁而变化，早期多采用与生活环境密切相关的图案，以增强服饰的实用性；清代则通过图案象征身份的高低，赋予服饰鲜明的标识性，图案本身富含象征意义，体现和谐、幸福与美满的寓意，增添情感色彩；近现代的满族服饰图案在继承传统的基础上，融入西方的设计元素，使满族服饰更加多姿多彩。金代时期的服饰图案，既保留历史的痕迹，又吸纳契丹和汉族的服饰元素，女真族人在服饰上绣制的图案，往往与他们的生产生活紧密相连。

金朝由女真族建立，最初附属于辽，自完颜阿骨打在1115年建国，至1234年被蒙古所灭，历时117年。金朝的先祖出自靺鞨，原名为勿吉，位于古肃慎之地，唐初有黑水靺鞨、粟末靺鞨等分支，五代时期依附于契丹，南部称为熟女直，而北部则称为生女直。

女真族在继承契丹辽朝的衣钵之后，历经百余年，构建我国历史上的又一南北分治时期，在我国民族发展史上留下浓墨重彩的一笔，成为多民族共融发展史中不可或缺的一部分。继辽朝和北宋之后，金朝在中国历史的演变中扮演重要角色，其对中国历史的塑造和内容的充实不容小觑。金代文化最显著的进步不仅在于对中原文化的沿袭与拓展，更在于其民族特色文化的孕育与发展。在满族服饰史上，金代女真民族的日常着装占据举足轻重的位置。无论是服装样式、色彩搭配，还是面料选择、图案设计，都映射出北方民族的生活环境、经济形态、科技进步、文化底蕴、审美观念和宗教信仰，昭示时代的进步及其对后世服饰风尚的深远影响。

金代女真服饰的发展，是一个融合与创新的过程。其服装风格在新中国成立初期，基本延续辽朝的特点，以简朴实用为主。这一时期的服饰，无论是款式还是色彩，都透露出女真族原始生活的气息，体现他们与自然的和谐共生。

然而，女真族进入中原后，受汉族文化的熏陶，服饰风格开始发生显著变化。他们逐渐吸收汉族服饰的华丽元素，如精致的绣花、繁复的图案等，使服饰在保持民族特色的同时，又呈现出明显的汉化趋势。这种变化不仅体现在服饰的款式和色彩上，更体现在服饰的材质和工艺上。女真族开始使用更加细腻柔软的丝绸、棉布等材质，采用更加精湛的缝制技艺，使服饰的质感和舒适度都得到极大的提升。金代女真的服饰既保持本民族的特色，又巧妙地吸收汉族和契丹族的某些元素。这种融合与创新，不仅丰富了女真族的服饰文化，也为后金和清朝的服饰风格奠定了基础。金代女真的服饰，以其独特的魅力和深厚的文化底蕴，为中国服饰史留下浓墨重彩的一笔，播下具有民族特色的服饰种子，对后世产生深远的影响。

在金代，男子的主要服饰为袍服，其特点是盘领、窄袖、左衽，长度至小腿，便于骑乘（见图2-4）。从金代墓室壁画和砖雕中可以看出，民间男子的常服长短不一，领口形状各异。而女子的上衣则多为团衫，直领左衽，两侧腋下有双折裥，颜色以黑紫或黑色为主。衣服前长至地面，后摆则略短，用红绿带束腰，垂至地面。待嫁女子则会穿着绰子，颜色为红或银褐，对襟样式（见图2-5），领口装饰彩绣，前面长至地面，后面比前面短五寸。大部分服装保留传统习俗，而奴婢则只能穿着用粗布、绸缎、绢布和毛布制成的衣服，如图2-6所示。

图 2-4 驾驭赤骠男子（头顶束带，身披紧凑领口的赤色长袍，腰间紧束皮带，
腿部裹裤，足蹬黄色长靴。其马旁随从，头部绑着黑色头巾，尾部装饰着雉鸡羽毛，
身着圆领窄袖的白衣，腿部绑有裹腿，腰间围有围裙）

图 2-5 平阳金墓砖刻中的女主（额头方正，发髻高耸并插有发簪，
耳边佩戴环状饰品，身穿背心式长衣，下身搭配红色褶皱长裙）

图2-6　平阳金墓砖刻的侍女（发髻盘绕，系着精致的丝带，

身穿窄袖的背心式上衣，衣领外翻形成小领，下身搭配褶皱裙）

在金代，女性服饰以其独特的设计和精湛的工艺，展现女真族独特的审美追求和文化内涵。这一时期，女性穿着的襜裙尤为引人注目，成为金朝女性服饰的代表性特征之一。

襜裙，是金朝女性中广泛流行的裙装，常以黑紫色为主色调，显得沉稳而

高贵。裙身上绣以金线制成的花朵,图案精美,熠熠生辉,既体现穿着者的身
份地位,又展现金朝服饰的华丽与精致。更为独特的是,襜裙的设计中融入六
处褶皱,这些褶皱不仅丰富裙装的层次感,还使裙身在行走间摇曳生姿,增添
女性的柔美与风韵。如图2-7所示,这种襜裙的设计无疑体现金朝女性对于服
饰美的独特理解和追求。

图2-7 襜裙

除襜裙外,金朝女性还钟爱一种名为"锦裙"的裙装。锦裙的设计同样
别具一格,其两侧各去掉约二尺的布料,然后用铁条做成圈状,外面再包以绣
花布料,最后用单层裙覆盖其上。这种独特的设计使得裙摆呈现出蓬松的效

果，既显得轻盈飘逸，又不失庄重典雅。如图 2-8 所示，锦裙的蓬松裙摆与欧洲中世纪贵族女性的铁架支撑裙子在视觉效果上有着异曲同工之妙，虽然支撑部位有所不同，但都体现当时社会对于女性服饰审美的一种独特追求。

图 2-8　金锦裙

值得注意的是，金朝女性服饰的这种独特设计并非偶然，而是与当时的社会背景和文化氛围紧密相连。金国在建立之初，试图通过改变服装款式来追求奢华和与众不同，这种追求在中国服装历史上是独一无二的。金朝女性服饰的华丽与精致，不仅体现了女真族对于美的独特理解和追求，也反映了当时社会对于女性地位的尊重和重视。

在这一时期，智慧和灵巧的女真人还创造出别具一格的"阔腿裤"和"吊敦"。阔腿裤的设计宽松舒适，裤腿宽大，既便于活动，又显得时尚前卫。这种裤装不仅在当时受到女性的喜爱，也对后世的服饰设计产生深远的影响。而"吊敦"则是一种独特的头饰或装饰品，其具体形态和用途可能因地域和时代的不同而有所差异，但无疑是金朝女性服饰文化的重要组成部分。通过河南焦作金墓壁画中的女性形象、阿城齐国王墓出土的服饰以及平阳金墓中的砖雕（见图 2-9），我们可以更加直观地感受到金朝女性服饰的独特魅力和审美追求。这些图像资料不仅为我们提供宝贵的实物依据，也让我们得以窥见那个时代的风貌和气息。

图 2-9 平阳金墓砖雕侍女服饰特色

注：襦，即短上衣，侍女的襦采用直领设计，袖子窄而长，符合古代服饰的审美。裙，长至鞋面，由多幅布料拼接而成，裙摆宽松，展现古典服饰的韵味。直领设计，与襦裙的直领相呼应，形成整体的和谐感。窄袖设计，简洁而不失优雅，符合古代女性的审美。侍女双手执镜于胸前，这不仅是一种装饰，也反映古代女性对美的追求和生活的细节。

金朝女性服饰以其独特的设计、精湛的工艺和丰富的文化内涵，在中国服装历史上留下浓墨重彩的一笔。无论是襦裙的华丽与精致，还是锦裙的蓬松与飘逸，都体现金朝女性对于美的独特理解和追求。而阔腿裤（大口裤）（见图2-10）和吊敦（见图2-11）的创造，更是展现女真族的智慧和灵巧。这些服饰不仅在当时引领时尚潮流，也对后世的服饰设计产生深远的影响。

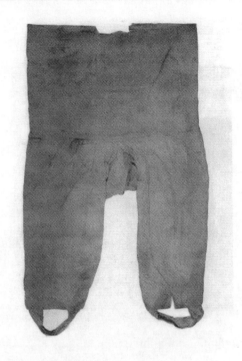

图 2-10　大口裤

图 2-11　吊敦

1988 年 5 月，考古学家在黑龙江阿城市巨源乡城子村发现一座金代古墓，这座墓葬距离金代上京古城东南仅 40 千米，其历史价值与文化意义不言而喻。该墓葬被誉为"塞北的马王堆"，其出土文物之丰富、保存之完好，为研究金代历史提供了宝贵的资料，尤其是其中出土的众多丝质服饰，填补了中国服饰史研究中金代服饰的空白。墓主人身份显赫，是金代被封为齐国王的完颜晏。考古发现中，夫妻两人的遗骨保存异常完好，未出现腐烂迹象，这在我国考古史上也是罕见的。两人身着多层衣物，男性穿着多达 8 层共 17 件，女性则穿着 9 层共 16 件，这些衣物涵盖袍、衫、裙、裤、腰带、帽子以及鞋袜等各个种类，全面展现古代北方民族的服饰特色和风格。

这些服饰不仅款式多样，而且制作精美，无论是面料的选择还是工艺的运用，都体现当时纺织技术的高超水平。特别是阔腿裤和吊敦这两种具有现代流行元素的设计，让人惊叹于金代贵族的审美眼光和时尚追求。这些服饰作为金代贵族的陪葬品出现在墓葬中，不仅反映当时社会的等级制度和丧葬习俗，更为我们研究金代的纺织技术、服装面料和印染工艺提供珍贵的实物资料。此外，墓葬中还出土大量其他珍贵文物，如金锭、金环、金丝玛瑙项饰等，这些文物的丰富性和多样性，不仅进一步证实墓主人的高贵身份，也揭示当时手工艺的高度发达和金银工艺的精湛技艺。这些发现对于我们深入了解金代的社会生活、文化习俗以及手工艺发展水平具有重要意义。

我国 20 世纪 90 年代流行的体形裤，其原型可以追溯到金代女真人的服饰，证明女真人根据实际需求设计并制作极具功能性的服装，尤其是在骑马狩猎时需要固定的部位。元朝建立后，女真族从统治民族转变为元朝统治下的北方少数民族之一。元代女真族分为三个部分：第一部分迁至中原，他们逐渐汉化，融入汉族，社会经济发展迅速，开始转向封建经济；第二部分居住在辽东地区以及金代迁至今内蒙古一带的女真人；第三部分是金代留在东北的女真人，主要包括建州女真、海西女真和野人女真，这部分是元、明时期女真人的主体，其社会经济发展相对缓慢。由于元代史书对女真族的记载不多，一些问题只能根据金代和明代的记载进行推测。从文化变迁的角度来看，元代女真人仍然使用传统的皮毛作为服装面料，夏季则使用麻布，他们的服装款式基本继承金代女真人的风格。元代女真人的服装风貌如图 2-12 所示。

图2-12 梳高髻、穿左衽交领短衫及长裙的元代女瓷俑

明代女真人的服饰风格独具特色，既保留本民族的传统文化，又在外来文化的影响下不断演变。主要的款式包括窄袖长衫、长袍和比甲，这些服饰不仅体现女真人的审美追求，也适应他们的生活方式和环境需求。窄袖长衫，作为女真人的常服，其款式特点为袖窄而长，有袖头，衣长至腰，左衽。这种设计既便于活动，又能保暖。衫襦外再穿上半臂，增加服饰的层次感和保暖性。窄袖的设计使女真人在骑射、劳作时更加灵活自如，体现他们作为游牧民族的生活方式。

长袍，是女真人更为正式的服饰。长袍为交领，衣长至膝下，腰部束带，肩部有云肩装饰。这种长袍不仅保暖性好，而且显得庄重大方，适合在重要场合穿着。云肩的装饰，更是增添服饰的华丽感，体现女真人的审美追求。长袍的交领设计，也体现中国古代服饰的传统元素，展现女真人与中原文化的联系。比甲，则是一种更为轻便的常服。比甲有内衬和面子，比马褂稍长，无领无袖，前短后长，以带子相连。这种设计既便于穿脱，又便于骑射，非常适合女真人的日常生活。比甲的轻便性，也使它在夏季成为女真人的首选服饰。

明代女真人主要分布在东临海滨、西接兀良哈、南邻朝鲜、北至奴儿干、北海的广阔区域内，这样的地理环境使他们的内外贸易非常活跃。建州、海西女真以貂皮、马匹、人参等土特产向明朝进贡，同时在北京通过贸易交换，可以获得明政府赏赐的江南丝织品，如绢、缎、纻丝等，或是以丝织品制成的衣物，如素纻丝衣、冠带蟒衣等。这些丝织品的流入，不仅丰富了女真人的服饰面料，也促进了女真人与中原文化的交流。

明朝从江南获取丝绸，通过赏赐将丝绸制品转交给女真人，带入女真地区。这些丝绸制品不仅用于女真人的日常穿着，还成为他们展示财富和地位的重要象征。同时，明政府也将丝绸制品赏赐给手下官员，进一步推动丝绸在女真地区的传播。而女真族则将马匹分配给军队，将貂皮、东珠等赏赐或分发给大臣和官员，这种贸易往来不仅加强了女真与明朝的政治联系，也促进了双方的经济繁荣。野人女真主要分布于黑龙江流域及后来的东海女真地区，这里是优质黑貂皮的主要产地。传统的皮料依然是明代女真人主要的服装面料来源，体现出他们作为游牧民族对自然资源的依赖。然而，随着与中原文化的交流加深，女真人也开始尝试使用新的服装面料，如绢、布、缎等。这些新面料的引入，不仅丰富女真人的服饰选择，也推动他们服饰风格的演变。

值得一提的是，明代女真人的袍服领子呈盘领状，因此被称为"盘领衣"。这种领子的设计，既体现女真人的服饰特色，也反映他们与中原文化的融合。盘领的设计使袍服更加贴合颈部，既保暖又美观。同时，盘领也作为女真服饰的一个重要标志，被后世所传承和发展。明代女真人的服饰风格既保留本民族的传统文化元素，又在外来文化的影响下不断演变。这种演变不仅体现在服饰的款式和面料上，更体现在女真人与中原文化的交流与融合中。通过服饰这一载体，我们可以窥见明代女真人丰富多彩的生活面貌和独特的文化魅力。

第二节 清代服饰图案

一、动物

1. 宫廷服饰图案

清朝服饰纹饰，作为我国服饰艺术的一段辉煌历程，其装饰性达到前所未有的极致，充满浓郁的满洲风情。这些纹饰不仅继承满族传统服饰文化的精髓，更在历史的长河中，与汉族及其他少数民族的服饰设计精华相互融合，共同铸就清代服饰的独特魅力。

在政治、经济、文化审美等多重因素的共同作用下，清朝的满族服饰纹饰既保留本民族的鲜明特色，如满族传统的龙、蟒、十二章等纹饰，又巧妙地融入汉族及其他少数民族的设计元素，如汉族的蝙蝠、云纹等吉祥图案，以及蒙古族的草原风情等。这种融合与创新，使清朝服饰纹饰既具有深厚的文化底蕴，又充满时代的气息。清朝服饰纹饰的精湛工艺和丰富内涵，不仅体现在服饰的华丽与繁复上，更在于其背后所蕴含的文化寓意和象征意义。如龙纹象征着皇权的至高无上，蟒纹代表着贵族的尊贵地位，蝙蝠纹寓意着福寿双全，云纹象征着吉祥如意。

在清代宫廷中，服饰纹饰更成为区分社会地位的重要符号。统治者通过纹饰的变换来彰显等级差异，使得服饰纹饰的身份标识功能超过了其审美价值。宫廷服饰上常见的吉祥纹饰，如龙、蟒、十二章、补子等，均为皇室和高级官员所专用，百姓不得僭用。这种严格的等级制度，使服饰纹饰成为一种权力的象征和身份的标志。同时，服饰纹饰也承载着丰富的文化内涵和民族情感。它们不仅是装饰的艺术品，更是历史的见证者和文化的传承者。通过服饰纹饰，我们可以窥见清代社会的风貌和文化的繁荣。

在清代宫廷男装中，动物纹饰占据主要地位。龙纹、蟒纹等动物形象被广泛应用于朝服、吉服等正式场合的服饰上，以显示穿着者的社会地位和尊贵身份。而植物纹饰相对较少，多用于日常便服的暗花设计中，以增添服饰的雅致和韵味。文字纹饰在男装中也占有一定地位，它们寓意吉祥，常与动物或植物纹饰搭配使用，构成富有文化内涵的图案。几何纹饰通常用于服装的边缘装饰，以增强视觉效果和服饰的层次感。相较于男装，女装中的动物和植物纹饰使用更为普遍。动物纹饰如凤纹、蝶纹等，既体现女性的尊贵地位，又展现女性的柔美与温婉。植物、花卉纹饰以其细腻的笔触和丰富的色彩，为女装增添无限的生机与活力。同时，文字纹饰在女装中也很常见，不仅用于便服，甚至女式朝袍上也会出现吉祥的文字图案。

女装中的几何纹饰虽然使用频率较低，但同样具有独特的魅力。它们常用于服装或图案的边缘装饰，使服饰更加精致和美观。而云纹、海水江崖纹等具有象征意义的纹饰，常与动物或植物纹饰共同构成服饰图案，寓意着吉祥如意、富贵荣华。清朝服饰纹饰的艺术价值不仅体现在其精湛的工艺和丰富的内涵上，更在于其背后所蕴含的历史意义和文化价值。它们不仅是清代社会风貌的生动写照，更是中华民族传统文化的重要组成部分。通过研究和欣赏清朝服饰纹饰，我们可以更加深入地解清代的历史和文化，感受中华民族传统文化的博大精深和独特魅力。

在宫廷服饰中，最为显赫和尊贵的纹饰当属龙纹，它融合多种动物的特征，象征着"真龙天子"的权威（见图 2-13）。龙纹的表现形式多样，包括正龙、飞龙、行龙等。根据《大清会典》《清史稿》等文献的记载，以及现存的实物，可以看出绣有龙纹的龙袍是皇帝、后妃、皇太子及太子妃的专属服饰。清代皇帝的朝袍是等级最高的服装，龙纹的数量也最为繁多（见图 2-14）。宫廷女服中，龙纹的数量反映穿着者的等级，如皇太后、皇后、皇贵妃等的朝袍装饰有九条金龙（见图 2-15），而皇子福晋、亲王福晋等的朝袍装饰有八条金龙。

图 2-13　清乾隆平金加彩绣龙纹圆补

图 2-14 清嘉庆皇帝朝服像

图 2-15 孝贤纯皇后像

"蟒""龙"在形象上虽大体一致，但细究之下，两者在头部、尾部及火焰修饰等方面存在着细微而显著的差异。这些差异不仅体现了古代服饰文化的精妙，也严格区分了穿着者的身份地位。蟒的头部通常较为圆润，与真实的蛇类头部相似；而龙的头部更加威严，集多种动物特征于一体，如鹿角、驼头等，显得更为神圣和威严。蟒的尾部较为细长，与蛇身自然过渡；龙的尾部往往有火焰状修饰，或呈鱼尾状，增添了几分神秘与华丽。龙身常配有火焰状的纹饰，象征其神圣不可侵犯；而蟒身较少见此类修饰，更显朴实。

　　在古代服饰体系中，非皇族成员所穿着的吉祥服饰不得命名为"龙袍"，而应称为"蟒袍"。这一命名规则严格区分皇族与臣子的身份界限。皇子、亲王及郡王的蟒袍绣有九条五爪蟒，彰显其尊贵的身份和地位。贝勒、贝子及以下的蟒袍则绣有九条或八条四爪蟒，其中贝勒以下若蒙皇帝赐予，可使用五爪蟒，以示恩宠。文武官员根据品级不同，蟒袍上的蟒数量及爪数也有所区别，从八条四爪蟒至五条四爪蟒不等，严格体现官场的等级秩序。

　　在蟒袍的纹饰中，五爪蟒高于四爪蟒，象征着更高的权力和地位。这种差异不仅体现在服饰的华丽程度上，更深刻反映古代社会的等级制度和尊卑观念。"蟒""龙"在服饰中的体现与差异，不仅展现了古代服饰文化的丰富内涵和精湛工艺，也深刻揭示了古代社会的等级制度和尊卑观念，如图2-16~图2-18所示。

图2-16　龙纹与蟒纹对比图

注：左图为清康熙彩织祥云金龙纹圆补，右图为亲王圆蟒补。

图 2-17　咸丰朝鹅黄纱双面绣蓝龙纹单蟒袍

图 2-18　清中期酱色缂丝彩云金蟒纹夹蟒袍

　　在清代宫廷服饰中，蟒纹的使用不仅限于男性，女性服饰同样有着严格的讲究和等级划分。这种划分不仅体现在服饰的款式、颜色上，更在于蟒纹的数量、形态以及所绣位置等细节之处。贝勒夫人至三品命妇的朝袍，绣有八条四爪蟒。这一规格不仅彰显她们的尊贵地位，也体现宫廷服饰的严谨与华丽。四品至七品命妇的朝袍，则绣有四条行蟒。虽然数量上有所减少，但每一条行蟒都栩栩如生，寓意着吉祥与富贵。贝勒夫人与郡君的吉服褂前后各绣有一条四爪正蟒，彰显其高贵的身份和不凡的品位。贝子夫人与县君的吉服褂，则前后各绣有一条四爪行蟒，虽略逊一筹，但仍不失其尊贵与典雅。镇国公夫人至七品命妇的吉服褂，则绣有八团花卉，虽无蟒纹，但花卉的精美与细腻同样展现女性的柔美与温婉。

与清代男褂相同，女褂作为最外层的穿着，其装饰图案清晰可见，成为身份与地位的直观体现。蟒纹的使用，不仅丰富女褂的视觉效果，更使宫廷服饰的等级划分更加细致且繁复。值得一提的是，十二章纹作为我国古代天子或皇帝礼服及吉服上的一种象征图案，代表着王权与至高无上的地位。它不仅是服饰的装饰元素，更是等级与权力的象征。在宫廷服饰中，十二章纹的使用有着严格的等级规定，只有皇帝及特定等级的皇室成员才有资格使用。清代宫廷女服对蟒纹的使用及其等级划分，不仅体现宫廷服饰的精美与华丽，更反映古代社会的等级制度与尊卑观念。这种细致且繁复的等级划分，使宫廷服饰成为一种独特的文化载体，承载着丰富的历史与文化内涵，如图 2-19 所示。

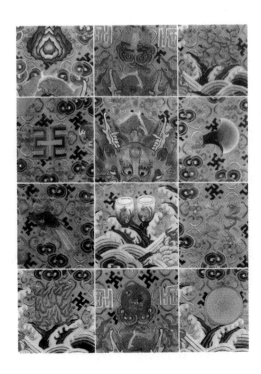

图 2-19　清道光刺绣十二章龙袍料及十二章纹样特写

《尚书·虞书·益稷》中提及的十二章装饰图案，其历史可追溯至有虞氏时代，这一传统自周朝起被赋予皇帝服饰的崇高地位，尤其是在龙袍与冠服上，是不可或缺的元素。这些图案不仅源自自然界的奇妙现象、珍稀动植物，还融入独特的文化符号，每一幅都承载着深厚的象征意义。

日、月、星辰三者共同代表着普照万物的光辉，象征着帝王如日月般照耀四方，星辰般永恒不朽，其统治之光芒无处不在，照亮着国家的每一个角落。

龙：龙，作为中华民族的象征，其变幻莫测、神秘莫测的特性，被赋予君王智慧与灵活多变的品质。龙袍上的龙纹，更是彰显帝王至高无上的权力与威严。

山峦：山，稳重而坚实，象征着君王的稳重与坚韧不拔。同时，山也代表着降雨与滋养，寓意君王能如山川般安抚四方，给予人民以庇护与滋养。

华美昆虫：这里的华美昆虫，通常指美丽的花朵与色彩斑斓的虫羽，它们代表着文采与美丽，象征着君王具有文治之德，能以文化治理国家，使国家繁荣昌盛。

宗庙祭器：宗庙祭器中的虎与雌性动物（如猴子），分别代表着勇猛与智慧、孝顺与威严。这些图案寓意着君王应具备深远的知识与威严的品德，以引领国家走向繁荣。

水藻：水藻因其洁净无瑕的特性，被赋予清白无瑕的象征意义。在帝王服饰上，它代表着君王的清廉与正直，是君王品德高洁的象征。

火焰：火焰代表着光明与希望，象征着人民归心向上，对君王充满敬仰与期待。同时，火焰也寓意着君王的统治如火焰般炽热，能够照亮并温暖人民的心。

米粉：米粉因其洁白与滋养特性，被赋予养护之德的象征意义。在帝王服饰上，它代表着君王对人民的关爱与滋养，寓意着君王应如米粉般滋养人民，使国家繁荣昌盛。

斧头形图案：斧头形的图案象征决断力，寓意着君王应具有果断的决策能力。同时，斧与亚麻布图案发音上相近，因此也可以互换使用，共同构成帝王服饰上的独特元素。

亚麻布图案：亚麻布图案象征着君臣互助、改善邪恶的美好愿景。它寓意着君王与臣子应共同努力，改善社会风气，使国家走向光明。同时，也寓意着民众应背弃恶行，追求善良与正义。

这些图案不仅美观大方，更蕴含着深厚的文化内涵与象征意义。它们共同构成帝王服饰上的独特风景，彰显帝王的尊贵与威严。在乾隆皇帝之前，虽然清朝几位皇帝的服饰也曾采用这些图案，但极为罕见。北京故宫珍藏的清朝早期服饰中，仅顺治年间两件"明黄色缎绣狐皮边男龙袍"上有十二章图案的雏形，但这些图案并不规范，也未形成定制。直到后来，这些图案才逐渐规范化、制度化，成为帝王服饰上不可或缺的元素。

自乾隆年间起，清朝帝王服饰上增添十二章图案，这些图案不仅装饰华美，更蕴含着深厚的文化内涵与象征意义。其布局在清代服装上有着特定的顺序，展现出独特的审美与规制。衣领前部，三星图案成等边三角形分布，熠熠生辉，寓意着帝王之尊；衣领后部则为山形图案，稳重而庄严，象征着帝王的稳重与治理四方水土的能力。右肩装饰有象征月亮的兔形图案，温婉而宁静；左肩则是代表太阳的鸡形图案，光明而炽热，日月同辉，寓意着帝王皇恩浩荡，普照四方。前胸中央，龙纹右侧为黼纹，象征着帝王做事干练果敢；左侧为黻纹，代表着帝王能明辨是非、知错就改的美德。龙纹居中，更是彰显出帝王的尊贵与权威。后背中央龙纹下方，再次以龙纹装饰，左侧配以华虫纹，即雉鸡图案，寓意着王者文采昭著，才华横溢。整件上衣共八章，每一章都蕴含着对帝王的赞美与期许。

下摆前部，右侧为火纹，象征着帝王处理政务光明磊落；左侧为粉米纹，代表着皇帝对民生的关注与重视。后部右侧为藻纹，寓意着帝王的品行冰清玉洁；左侧为宗彝纹，象征着帝王忠、孝的美德。这四章图案与上衣的八章相互呼应，共同构成十二章图案的完整布局。清代的补子图案，作为满族服饰的一大特色，不仅装饰性极强，更被视为治国理念的象征。不同品级的官员，其补子图案也有所不同，从而彰显出严格的等级差别。这种设计不仅体现清朝服饰的精美与华丽，更反映古代社会的等级制度与尊卑观念，如表2-1所示。

表 2-1　清代补子图案

身份	图案	特点
亲王	五爪金龙四团	前后正龙、两肩行龙
亲王世子		
郡王		前后两肩各一
贝勒	四爪正蟒二团	前后各一
贝子	四爪正蟒方补	
固伦额驸		
镇国公		
辅国公		
和硕额驸		
民公、侯、伯		
文一品	仙鹤方补	
文二品	锦鸡方补	
文三品	孔雀方补	
文四品	云雁方补	
文五品	白鹇方补	
文六品	鹭鸶方补	
文七品	鸂𪄱方补	
文八品	鹌鹑方补	
文九品	练雀方补	
未入流		
都御史	獬豸方补	
副都御史		
给事中		
御史		
按祭司各道		
武一品	麒麟方补	
镇国将军		
郡主额驸		
武二品	狮子方补	
辅国将军		
县主额驸		

续表

身份	图案	特点
武三品	豹方补	前后各一
奉国将军	豹方补	
郡君额驸	豹方补	
一等侍卫	豹方补	
武四品	虎方补	
恩将军	虎方补	
县君额驸	虎方补	
二等侍卫	虎方补	
武五品	熊方补	
乡君额驸	熊方补	
三等侍卫	熊方补	
武六品	彪方补	
蓝翎侍卫	彪方补	
武七、八品	犀牛方补	
武九品	海马方补	
从耕农官	彩云捧日方补	

　　清代的补子，作为官员身份和等级的重要标志，其形式和内容均沿袭明朝，但在细节上又有着显著的不同。与明朝 40 厘米见方的大型补子相比，清朝的补子显得更加精致，尺寸通常缩小至 30 厘米左右。这一变化不仅体现服饰审美的变迁，也适应清代官服对襟褂的形制需求，使补子能够更好地缝制在对襟褂上，前片自然分开为两个半块，与明朝的大襟袍风格截然不同。在色彩和图案上，清代补子也展现出独特的魅力。明代补子多以素色为主，底色多为鲜艳的红色，以金线绣制图案，显得庄重而华丽，彩色绣补则较为少见。而到清朝，补子的色彩变得更加丰富多样，底色深沉，如绀色、黑色和深红等，使整个补子更加沉稳大气。同时，清朝补子多采用彩色丝线织绣，图案细腻生动，与明代的金线绣制形成鲜明的对比。

　　此外，在补子的边框装饰上，明清两代也有着明显的差异。明代补子四周通常不装饰边框，显得简洁大方。而清朝补子则四周均饰有花边，不仅增添美感，也进一步凸显补子的精致与华丽。这一变化不仅体现清代服饰工艺的精湛，也反映当时社会对服饰细节的追求与讲究。在图案设计上，明清两代的补子也有着细微的差别。明朝部分文官（如四品至八品）的补子上常绣有一对禽鸟，寓意着双宿双飞、和谐美满。而到清朝，文官补子上的禽鸟则变为单只，这一变化不仅简化图案设计，也使补子更加符合清代官服的整体风格。同时，武官补子的兽形图案也经过精心的设计与调整，以更好地体现武将的勇猛与威严。

值得一提的是，清代补子的形制与规定始于努尔哈赤于 1621 年制定的官员补子规定。这一规定的出台，不仅标志着清代补子形制的起点，也是满汉服饰融合的重要体现。在清代，圆形补子的等级高于方形补子，图案数量越多则等级越高。在图案内容上，正龙高于行龙，龙高于蟒，五爪蟒高于四爪蟒，蟒又高于飞禽和走兽。而飞禽和走兽则根据其珍稀程度和凶猛程度进行排序，如仙鹤、锦鸡等珍稀禽鸟代表高品级文官，而狮子、豹等猛兽则代表高品级武官。清代补子在形式和内容上虽然沿袭明朝的传统，但在尺寸、色彩、图案设计及边框装饰等方面都展现出独特的魅力与变化。这些变化不仅体现了清代服饰文化的独特性与丰富性，也为我们研究明清两代服饰文化的演变提供了宝贵的实物资料。

2. 民间服饰图案

图形中的兽类设计，不仅是简单的艺术表现，更蕴含着人类情感的温度。满洲民族，作为一个历史悠久、文化丰富的民族，他们渴望将自身对美好生活的渴望与向往投射到某些动物形象之上。这些动物形象，成为他们心灵的寄托，承载着他们对未来的期许与梦想。在满洲人的传统观念中，动物不仅是自然界的一部分，更是具有神秘力量的生灵。他们相信，通过借助这些生灵的力量，可以实现心中的愿望，或是利用它们的力量庇护族群和家庭，抵御外界的侵扰。因此，满洲的智者巧妙地将这些动物形象嵌入到各种装饰品中，既表达内心的情感，也传递对悠闲生活的渴望和对美好事物的追求。

满洲装饰中的动物图形丰富多样，其中蝴蝶、燕子、喜鹊、仙鹤、鱼、龙凤、鸡以及鸳鸯等尤为常见。每一种动物都承载着独特的寓意与象征意义。

蝴蝶、燕子、鸳鸯：这三种动物在满洲人的心中，代表着幸福与爱情。蝴蝶翩翩起舞，象征着爱情的甜蜜与自由；燕子成双成对，寓意着家庭的和谐与美满；鸳鸯则更是忠贞爱情的象征，它们形影不离，共同守护着彼此。这些动物形象在装饰品中的出现，体现满洲人对理想爱情的向往与追求。

喜鹊：喜鹊因名中带"喜"，在满洲文化中被看作好运和福气的标志。每当喜鹊登枝，人们便相信会有好事发生。因此，喜鹊图案在满洲装饰品中尤为常见，寓意着吉祥如意、喜事连连。

仙鹤：仙鹤在满洲文化中象征着福瑞、长寿和忠诚。它身姿优雅，翩翩起舞，宛如仙子下凡。仙鹤的出现，往往预示着吉祥的到来，也寄托满洲人对长寿和美好生活的期盼。

鱼：鱼因繁殖力强，在满洲文化中被寓意为子孙繁盛和年年有余。鱼图案在装饰品中的运用，既体现满洲人对家庭繁荣的期望，也寓意着生活的富足与美好。

龙凤：龙凤作为满洲传统中的神圣动物，象征着英勇、神圣、权力和尊贵。在满洲历史上，龙凤曾是皇族的特有标志，民间不得使用。但随着社会的变迁和文化的交融，这种阶级界限逐渐消失，龙凤图案也开始在民间广泛流传，成为人们对美好生活的向往和追求。

鸡：鸡作为黎明的象征，在满洲文化中具有驱邪的效用。其吉利的谐音"吉"也蕴含着吉祥和喜讯的意味。因此，鸡图案在满洲装饰品中也颇为常见，寓意着吉祥如意、驱邪避凶。

自宋朝起，满汉文化的交融便如同涓涓细流，悄然渗透社会的各个角落。戏曲，作为这一交融过程中的璀璨明珠，不仅在满洲人中广为流传，更以其独特的魅力，深刻影响了满洲人的精神世界与装饰艺术的发展。戏曲的传入，为满洲人带来全新的艺术体验。那悠扬婉转的唱腔、生动传神的表演，让满洲人如痴如醉。他们不仅沉迷于戏曲的故事情节，更被其中蕴含的文化内涵所深深吸引。这种文化的交融，不仅丰富了满洲人的精神世界，更为他们的装饰艺术注入了新的活力。在戏曲的影响下，满洲装饰品中的动物图形变得更加生动多彩。龙、凤、猴、羊、鹤等动物形象，被巧妙地融入装饰品中，寓意着吉祥、幸福与美好。这些动物形象不仅承载着满洲人的情感与愿望，更成为他们文化传承与发展的重要载体。它们以独特的艺术形式，诉说着满洲人对美好生活的向往与追求。

满洲装饰中的兽类设计，不仅是简单的艺术表现，更是情感与文化的交融。这些动物形象，如虎图腾般威猛，象征着驱恶辟邪的力量；如蝴蝶、金鱼般灵动，寓意着吉祥与幸福。它们以谐音、会意、比喻等方式，传达着满洲人对生活的热爱与期许。戏曲表演中的英雄形象，如忠义的关羽、智勇的岳飞，更是激发满洲人对英雄的崇敬与向往。他们将这些英雄形象绣制于装饰品上，以表达对英雄的敬仰与缅怀。同时，戏曲中的是非美丑也深深影响满洲人的价值观，他们通过装饰品中的动物图形，传递着对正义与善良的追求。戏曲故事的流传，不仅丰富了满洲人的文化生活，更为他们的装饰艺术提供了源源不断的创作灵感。满洲女性巧思妙手，将戏曲中受欢迎的角色和熟悉的故事情节绣制于装饰品上。如《红楼梦》中的贾宝玉与林黛玉、《西厢记》中的张生与崔莺莺等经典形象，都成为装饰品中的常见元素。这些装饰品不仅美观大方，更蕴含着深厚的文化内涵。它们以艺术的形式，让戏曲故事在更广阔的范围内流传，成为民族文化融合的见证。同时，这些装饰品也反映了满洲人对闲适生活的向往与追求。他们通过精美的装饰，表达着对生活的热爱与享受。除动物图形与戏曲故事外，几何图案也是满洲装饰艺术中的重要元素。这些图案以完整的构图循环出现，线条变化丰富，形态美观而大气。它们不仅增强了装饰品的节奏感与立体感，更与满洲人的审美观念相契合。

几何图案作为传统装饰的一部分，常见于服饰的边缘与装饰品的细节处。随着时间的推移，装饰品上也出现众多创新的几何图案。这些图案不仅继承传统装饰的精髓，更融入新的设计理念与审美趋势。它们以独特的艺术形式，展现着满洲装饰艺术的魅力与活力。自宋朝起满汉文化的交融使戏曲在满洲人中广为流传，这种文化的交融不仅丰富满洲人的精神世界，也促进装饰艺术的创新性发展。在戏曲的影响下，满洲装饰品中的动物图形、戏曲故事与几何图案相互融合，共同构成满洲装饰艺术的独特风格。这些装饰品不仅承载着满洲人的情感与愿望，更成为他们文化传承与发展的重要载体，见证满汉文化交融的辉煌历程。

3. 服饰图案及其特色

清朝，满族人的日常服饰独具特色，不仅体现民族风情，还蕴含着丰富的文化内涵。旗人，作为清朝统治下的特殊群体，其穿戴更是别具一格，既展现满族的传统服饰风格，又在与汉族、蒙古族等民族的交融中形成独特的服饰文化。

旗人，包括八旗满洲、八旗汉军及八旗蒙古，虽然八旗汉军与八旗蒙古原非满族，但融入八旗后，服饰风格逐渐统一，形成独具满族特色的服饰体系。满族民间服饰，作为官方规定之外的便装，更展现出满族服饰的多样性和实用性。其中，马褂成为清代男性的标志性服饰，它原本为游牧民族射猎时的实用短袍，后来逐渐演变为装饰性更强的服饰。马褂的领型、款式多样，色彩丰富，黄色马褂更是尊贵无比，非皇帝赐予不得穿用，这充分体现服饰的社会等级功能。

除马褂外，袍服也是满族民间服饰的重要组成部分。袍服结构简洁大方，通常由整块衣料裁剪而成，圆领、大襟、四面开衩的设计，既便于活动，又显得洒脱不羁。束腰的设计更是适应了满族人民的生活方式，无论是骑马射猎，还是日常劳作，都能轻松应对。袍服的材质随季节变化而变化，夏季为单衣，轻薄透气；春秋为夹衣，保暖适中；冬季则为毛皮质地，保暖性能极佳。这种根据季节变化而选择的服饰材质，不仅体现满族人民的智慧，也展现满族服饰的实用性。

在满族服饰中，旗袍无疑是最具代表性的服饰之一。旗袍以其优雅、飘逸的设计，成为满族文化的象征。满族妇女所穿的旗袍，通常采用高质量的绸缎或棉麻布料制成，色彩鲜艳，图案精美。旗袍的立领、紧腰身、下摆开衩的设计，既展现女性的曲线美，又保留满族服饰的传统元素。在婚礼、节日等特殊场合，旗袍更是成为满族妇女必备的服饰，她们穿着旗袍，翩翩起舞，尽显优雅气质。旗袍的装饰性也极强，领子、前襟和袖口都绣有精美的花纹或镶嵌着彩牙儿，使得整件服饰更加华丽夺目。

除马褂和袍服外，坎肩也是满族民间服饰中不可或缺的一部分。坎肩起源于无袖紧身上衣，清代成为时尚服饰，款式多样，工艺精细。坎肩分棉、夹、单、皮四种，适应不同季节的需求。无论是寒冷的冬季还是炎热的夏季，坎肩都能为穿着者提供额外的保暖或遮阳效果。男女老少皆喜爱穿着坎肩,它不仅是一种实用的服饰配件,更是一种时尚的象征。清朝时期满族人的日常服饰独具特色,既体现民族风情,又蕴含丰富的文化内涵。旗人的穿戴更是别具一格,马褂、袍服、旗袍和坎肩等服饰元素共同构成满族服饰的多样性和实用性。这些服饰不仅适应满族人民的生活方式,也展现满族文化的独特魅力,如图 2-20 所示。

图 2-20 马褂与一字襟坎肩

马褂,这一独特的服饰,在清朝时期不仅深受男性喜爱,同样备受女性的青睐。它通常套在长袍之外,长度仅至脐部,两侧及后身开衩,以其别致的设计展现出一种独特的风采。马褂的起源与游牧民族的生活方式紧密相连,它最初是作为在马上射猎时穿于长袍之外的短袖对襟上衣而诞生的,因此得名

"马褂"，满语称其为"鄂多赫"。

随着清朝定都中原，马褂逐渐从实用型服饰转变为装饰型服饰。康熙年间以后，马褂的款式开始丰富多样，领型也变得更加多变。对襟、大襟、琵琶襟（缺襟）以及立领或圆领等，每一种都独具特色，满足不同人群的审美需求。这些设计不仅体现马褂的实用性，更展现其作为服饰文化的艺术魅力。至雍正年间，穿着马褂的人日渐增多，它已成为当时社会的一种流行风尚。无论是宫廷贵族还是民间百姓，都纷纷穿上马褂，以示时尚与品位。到嘉庆年间，马褂的装饰更加讲究，流行镶嵌如意头边饰，寓意吉祥如意，这一设计不仅增添马褂的美观度，更赋予其深厚的文化内涵。咸丰、同治年间，大镶大沿的样式成为主流，进一步提升马褂的华丽程度。这一时期的马褂，不仅在领口、袖口、下摆等处镶嵌有精美的花边或彩牙儿，还在衣身上绣制各种吉祥图案，如龙凤呈祥、福寿双全等，寓意吉祥美好。这种华丽的装饰风格，不仅体现满族人民的审美情趣，也展现清朝时期服饰文化的繁荣与发展。

清光绪、宣统年间，特别是在南方地区，马褂的长度被剪至脐上，这一变化使马褂更加轻便、利落，更符合当时人们的审美需求。同时，马褂的材质也变得更加多样，如铁线纱、呢绒、缎等。这些材质的选择不仅增强了马褂的舒适度与透气性，还使其更加符合时尚潮流，成为当时人们追求时尚与品位的必备服饰。马褂作为清朝时期的独特服饰，不仅承载满族人民的历史记忆与审美追求，更成为当时社会的一种流行风尚。它以别致的设计、丰富的款式与华丽的装饰，展现清朝时期服饰文化的独特魅力与繁荣景象。无论是男性还是女性，都纷纷穿上马褂，以示自己的时尚与品位，马褂也因此成为清朝时期一道亮丽的风景线。

马褂的袖型设计同样多样且实用，其袖口平整，不分马蹄形，这样的设计既便于活动，又展现出穿着者的干练与利落。在颜色方面，马褂更是丰富多样，明黄、鹅黄、天青等众多色彩应有尽有，为穿着者提供广泛的选择空间（见图 2-21）。其中，黄色马褂最为尊贵，它不仅是服饰中的佼佼者，更是社会等级的象征，非皇帝或皇后赐予，普通人是不得穿着的。这充分体现了马褂在清朝时期服饰体系中的特殊地位。而天青、元青、石青三色马褂，通常在正式场合穿着，它们以庄重的色彩和得体的剪裁，彰显出穿着者的正式与尊重。

图 2-21　紫色绸绣百蝶纹绵马褂（后妃穿用）

马褂作为清朝时期的一种重要服饰，不仅在设计上注重实用与美观的结合，更在文化内涵上承载着丰富的历史与民族记忆。它见证了清朝社会的变迁与发展，也记录了当时人们的审美追求与社会风尚。马褂的流行与演变，不仅反映了清朝服饰文化的繁荣与多样，更成为当时社会时尚与风度的象征。无论是皇室贵族还是民间百姓，都纷纷以穿着马褂为荣，以示自己的身份与品位。马褂以独特的设计、丰富的色彩和深厚的文化内涵，成为清朝时期一道亮丽的风景线，至今仍被人们所铭记与传承。

坎肩，在清代满族中极为流行，它又称背心、马甲、马夹或紧身，与马褂相似但无袖，通常穿于长衫之外，是满族服饰文化的重要组成部分。

坎肩的起源可追溯至无袖紧身上衣，原本是北方少数民族为适应寒冷气候而创造的主要服饰。据《释名·释衣服》记载，坎肩因其最初形态为前后两片而得名。到清代，坎肩已逐渐演变成为一种时尚单品，不仅款式多样，如大襟、对襟、琵琶襟等，而且工艺精细，常常镶有花边，绣有吉祥图案。

在清代，坎肩的普及程度极高，无论男女老少，贫富皆宜，都喜爱穿着坎肩。它一般配以立领，长度至腰，既保暖又便于活动。款式上，除常见的对襟、大襟外，还有一字襟、人字襟等多种选择，以满足不同人群的审美需求。面料上，坎肩多采用绸、纱、缎、皮毛等高级材质，这些材质不仅质地柔软舒适，而且保暖性能极佳。颜色方面，坎肩也是丰富多样，如宝蓝、天蓝、元青等，既美观又实用，能够很好地搭配各种服饰，展现穿着者的品位与风采。坎肩作为清代满族流行服饰的代表之一，以其独特的款式、精细的工艺以及丰富的面料和色彩选择，成为当时人们追求时尚与实用的首选单品，如图 2-22 所示。

图 2-22　红尼地平针打子绣人物故事坎肩

在满族服饰中，女式坎肩以其独特的镶边工艺和繁复的装饰，成为一道亮丽的风景线。特别值得一提的是，女式坎肩的镶边工艺极为复杂，常常在衣襟、袖口等处镶嵌多道花绦或"狗牙儿"，这种独特的装饰风格被称为"十八镶"。这种精湛的工艺，使得原本作为服饰主体的衣料，反而成为装饰的陪衬，充分展现了满族妇女对于服饰美的极致追求和匠心独运。坎肩不仅工艺繁复，而且类型多样，根据季节的变化，可分为棉、夹、单、皮四种类型。在寒冷的冬季，人们会选择穿着厚实的棉坎肩或保暖性能极佳的皮坎肩，以抵御严寒的侵袭。这些坎肩通常采用柔软舒适的材质，如绸缎、皮毛等，既保暖又美观。

而在春秋季节，气温适中，人们更倾向于穿着夹坎肩或单坎肩。夹坎肩通常在内层夹有薄棉或丝绸，既保持服饰的挺括感，又具有一定的保暖效果。单坎肩更加轻薄透气，适合在春秋季节的早晚穿着，既能够抵御微凉的天气，又不会显得过于厚重。这种随季节变换而穿着不同坎肩的习俗，不仅体现满族人民对于服饰实用性的考虑，更展现他们对于时尚性的追求。并且，坎肩作为满族服饰的重要组成部分，不仅满足人们日常穿着的需求，更成为展示个人品位和审美情趣的载体（见图2-23）。直至现代，坎肩依然以其独特的魅力和实用性，受到人们的喜爱和追捧。无论是在传统的民族服饰展示中，还是在现代的时尚舞台上，坎肩都以其精美的工艺、丰富的款式和独特的文化内涵，成为中华民族服饰文化中的一颗璀璨明珠。这颗明珠不仅照亮满族服饰的辉煌历史，更在现代社会中闪耀着独特的光芒。

图2-23　驼色缎镶边琵琶襟坎肩

二、花卉

1. 宫廷服饰图案

清朝皇室服饰中，云纹图案尤为流行，不仅是因为其形态优美，更因为它承载深厚的文化内涵和吉祥寓意。

云，它在古人眼中是神秘莫测的存在，常与神仙、仙境相联系。云与"运"字谐音，因此被赋予幸运与天命的象征意义。在皇室服饰中，云纹成为一种重要的装饰元素，它常与龙、凤等吉祥元素搭配，形成富含象征意义和吉祥寓意的组合。这些组合不仅美化衣物，更寄寓人们对美好生活的向往和祈愿。云纹的独特造型，如团云、叠云、飘云和吉祥云等，各具特色，既展现皇室服饰的华美，也体现古人对云的崇拜和敬畏之情。在清朝，龙袍是皇权的象征，其上的云纹更是不可或缺。云纹作为龙袍必备的装饰元素，与龙纹相互映衬，共同构成龙袍的庄严与威严。云纹凭借其独特的形态和寓意，为龙袍增添了更多的神秘色彩和吉祥寓意。同时，云纹被广泛用于各级官员的服饰上，既显吉祥之兆，又起到烘托之美，体现了古代服饰文化的层次感和秩序感。

除云纹外，清代宫廷服饰还常见海水江崖纹。这一纹样以龙袍下摆处斜向排列的深海曲线为基，配以汹涌的海浪、峭壁和宝物，构成一幅生动的"海水江崖"图。这一图案不仅象征着皇室或官员的尊贵身份，也寓意着皇权的稳固和江山的永固。海水江崖纹在官员补服和袍服的马蹄袖上尤为常见，成为清代服饰文化的一大特色。在云纹中，蝙蝠纹的出现更是寓意深远。蝙蝠因其"蝠"与"福"同音，被视为吉祥之兽。在云纹中绘入翩翩起舞的蝙蝠，寓意着"福气从天而降"。红色的蝙蝠纹，即红蝠，与"洪福"谐音，更是龙袍上频繁出现的装饰图样。蝙蝠图案在其他宫廷服饰中也十分普遍，它以其独特的形态和吉祥的寓意，成为清代服饰文化中的一道亮丽风景线。

此外，蝴蝶图案在中国文化中有着特殊的地位。蝴蝶以其自由飞翔的姿态，被古人视为无拘无束、自由自在的象征。在清代皇室服饰中，蝴蝶图案常被运用，它代表着吉祥与美好，寓意着生活如蝴蝶般绚丽多彩、充满生机。蝴蝶与云纹、龙纹等吉祥元素的结合，构成一幅幅寓意深远、吉祥如意的图案，为清代皇室服饰增添了更多的文化内涵和审美价值。清朝皇室服饰中的云纹与吉祥元素不仅展现了古代服饰的华美与精致，更承载着深厚的文化内涵和吉祥寓意。这些元素以它们独特的形态和寓意，共同构成清代服饰义化的瑰宝，让我们在欣赏的同时也能感受到古人对美好生活的向往和祈愿。

在清朝的宫廷服饰中，蝴蝶图案与文字图案作为重要的装饰元素，不仅丰富了服饰的视觉效果，更承载着深厚的文化内涵和吉祥寓意。

蝴蝶，以其轻盈的舞姿和绚丽的色彩，自古以来就深受人们的喜爱。在民间习俗中，"蝴"与"福"音相近，因此蝴蝶常被视为吉祥之兆。将瓜果与蝴蝶相绘，寓意"瓜瓞绵绵"，寄寓着人们对硕果累累、子孙繁衍的美好期望。同时，"蝶""耋"谐音，使得蝴蝶也成为长寿的象征，代表着人们对健康长寿的向往和追求。在清朝的宫廷服饰中，蝴蝶图案屡见不鲜，尤其是"百蝶花"图案，在乾隆时期尤为盛行。这一图案以蝴蝶和四季花卉为设计主题，将蝴蝶的灵动与花卉的绚烂完美融合，不仅展现了宫廷服饰的华美与精致，更寓意着四季平安、吉祥如意。蝴蝶图案的运用，不仅丰富了服饰的层次感，也为宫廷生活增添了一抹生机与活力。

除蝴蝶图案外，文字图案也是清朝宫廷服饰中不可或缺的一部分。文字图案，即以文字为基本形态的装饰图案，是图案中的一种特殊形式。在清朝宫廷的服饰图案中，常见的文字图案有"卍"字、"寿"字、"福"字、"喜"字等，这些文字图案不仅具有装饰作用，更承载着深厚的文化内涵和吉祥寓意。"卍"字发音为"万"，作为数词，它代表着极限与绝对，象征着世界的无限广阔与力量。在宫廷服饰中运用"卍"字图案，不仅展现皇权的威严与神圣，也寓意着皇室的繁荣与昌盛。

而"寿"字在服饰中的运用则更为广泛。它经常与蝙蝠、石榴等图案搭配，寓意着多子多福多寿，合称为"万代福寿三多"。这种组合不仅体现古人对家族繁荣和长寿的渴望，也展现宫廷服饰的吉祥与美好。由于吉祥寓意的影响，"寿"字经过变形，以图案形式大量出现在服饰上，如团寿纹和长寿纹等，这些纹样以其独特的形态和寓意，为宫廷服饰增添更多的文化内涵和审美价值。

蝴蝶图案与文字图案作为清朝宫廷服饰的重要元素，不仅丰富服饰的视觉效果和层次感，更承载深厚的文化内涵和吉祥寓意。它们以独特的形态和寓意，共同构成宫廷服饰的瑰丽画卷，让我们在欣赏的同时也能感受到古人对美好生活的向往和追求。这些元素不仅体现清朝宫廷服饰的精致与华美，更展现中华民族传统文化的博大精深和源远流长，如图2-24所示。

在清代宫廷女性服饰中，吉祥图案的运用达到极致，其中"寿"字纹尤为常见，成为服饰装饰的重要组成部分。这些"寿"字纹并非单一存在，而是常常与灵芝、飞鹤、竹子等元素巧妙组合，共同构成寓意深远的图案。例如，团寿字与灵芝、飞鹤的组合，象征"群仙祝寿"，寓意着长寿与吉祥；五只蝙蝠环绕圆寿字，再配以水仙，则象征"五福寿仙"，寓意着五福临门、寿比南山；而团寿字与海棠、蝙蝠的搭配，则意指"寿山福海"，寓意着福寿双全、生活美满。

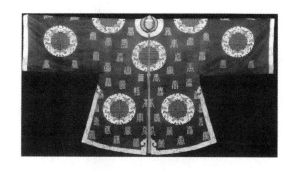

图 2-24　清代百寿衣

除"寿"字纹外，宫廷女性服饰中还常以"喜"字作为吉祥图案。喜字图案同样丰富多彩，如喜字与蝙蝠、磬、梅花的组合，意为"喜庆福来"，寓意着喜事连连、福运亨通；双喜字与百蝶的搭配，象征"双喜相逢"，寓意着好事成双、幸福美满；双喜字与莲花相配，代表"连连双喜"，寓意着喜事不断、好运连连。

花卉图案在清代宫廷服饰中同样广泛运用，尤其在女性服饰中十分流行。牡丹的娇艳、梅花的傲骨、兰花的清雅，这些花卉不仅以其美丽的形态装点着服饰，更以其深厚的文化内涵寓意着吉祥与美好。例如，花蝶纹与牡丹纹的交融，象征着繁荣昌盛与美好幸福；蝶恋花的图案，则展现两只蝴蝶双飞的身影，搭配着芬芳的花朵，寓意着美满与自由的爱情（见图2-25）。此外，几何图案也以其简洁、明快、有序的特性，在清代宫廷服饰图案中占据一席之地。这些几何图案通常用于服饰的镶边，具有装饰和衬托的效果。如"万"字纹、"回"字纹等，不仅丰富了服饰的视觉效果，更以其独特的寓意，为宫廷女性服饰增添了更多的吉祥与美好。

2. 民间服饰图案

清朝的衣饰规范严苛，对服饰上的纹饰规定也极为苛刻，导致民用服饰的图案相对朴素，尤其是男性服饰更为简约。男性通常穿着的衣料上，会带有圆花、枝叶花、整枝花、双喜等暗花纹样。这些纹样多以绸缎、宁绸、绒布等高级料子为载体，既体现服饰的质感，又增添些许雅致。在图案的选择上，清朝男性服饰更注重低调与内敛，避免过于繁复的装饰，以符合当时社会的审美

图 2-25　清代藕荷色缎平金绣藤萝团寿裌衬衣

风尚和礼仪规范。特别值得一提的是，满族民用男式套裤上的装饰也别具特色。这些套裤上常见的装饰是各种植物图案，如梅花、兰花、竹子等，这些图案不仅美观大方，还寓意着吉祥与美好。植物图案的运用，既体现满族人民对自然的热爱与崇敬，也展现他们独特的审美情趣和文化传统，如图 2-26 所示。

图 2-26　藕荷色绸棉套裤

满族女性衣饰以精美的刺绣和丰富的图案而著称，其中，各式花卉图案的应用尤为广泛，几乎成为满族女性服饰的标志性特征。这些花卉图案不仅美观大方，更承载着深厚的文化内涵和象征意义。一般而言，满族民用服饰上的花卉图案多出现在衣前、衣后、袖身、袖口、衣襟、领口和裙摆等处，几乎覆盖服饰的每一个角落。这些花卉图案种类繁多，包括牡丹、梅花、兰花、菊花等，每一种花卉都有不同的寓意。例如，牡丹象征着富贵荣华，梅花则寓意着坚韧不拔。这些花卉图案不仅丰富服饰的视觉效果，更以其独特的寓意，为穿着者带来吉祥和祝福。

　　在富裕家庭的女性服饰中，满地绣花更是屡见不鲜。这种绣花技艺精湛，图案繁复而精美，往往需要耗费大量的时间和精力来完成。满地绣花的出现，不仅展现了富裕家庭的财富和地位，更体现了满族女性对美的追求和热爱。受清朝服饰制度的约束，动物图案在服饰上的应用曾受到严格的限制。许多普通百姓是不准穿着带有动物图案的服饰的，因此，在满族民用服饰中，植物图案较为常见。然而，到晚清时期，这一制度有所放宽，动物图案在服饰上的运用变得更加广泛。这也是阶级等级制度逐渐瓦解的迹象之一，反映社会变革对服饰文化的影响。在动物图案中，蝴蝶因其优雅的姿态和无关身份的象征，深受女性青睐。蝴蝶图案常与花卉图案相伴出现，共同构成一幅幅美丽的画面。这些图案不仅展现了满族女性的审美情趣，更寓意着吉祥和美好。

　　除服饰上的图案外，满族的佩饰也承载着丰富的文化内涵。佩饰作为审美或情感寄托的载体，展现当时满族人的审美观、价值观和社会状况。例如，满族女性常佩戴的耳环、手镯、戒指等佩饰上，往往雕刻着各种吉祥图案和纹样，如福字、寿字、莲花等。这些图案不仅美观大方，更寓意着吉祥、长寿和幸福。满族女性衣饰中的图案设计，无论是花卉、动物还是文字，都蕴含着深厚的文化内涵和象征意义。这些图案不仅丰富服饰的视觉效果和审美价值，更以其独特的寓意和象征意义，为穿着者带来吉祥和祝福。同时，这些图案也反映满族人的审美观、价值观和社会状况，是满族文化的重要组成部分。

　　满族饰品主要包括枕头顶（见图2-27）、帷幔装饰、儿童帽子、鞋履、香囊荷包等。这些饰品上的图案丰富多样，涵盖植物、动物、戏曲神话、诗词佳句以及几何图形等元素。

图 2-27　黑缎菊花纹枕头顶

　　植物，作为自然界不可或缺的一部分，不仅是生命的显著表现，更在人们心中承载着神圣而深远的象征意义。在满族的传统文化中，植物图案更是被赋予深厚的民族文化内涵和丰富的象征寓意，它们不仅是装饰性的元素，更是满族人民情感与愿望的寄托。满族传统饰品中，植物图案屡见不鲜，其中，菊花、莲花、葫芦、梅花、牡丹、石榴、松柏、竹子等尤为常见。这些植物图案之所以能成为满族饰品中的吉祥符号，主要缘于两大缘由。

　　满族人民善于借助植物的象征意义来表达自己的愿望和情感。菊花，以其傲霜独立的姿态，被赋予延年益寿、敬老尊贤的寓意。在满族文化中，菊花不仅代表着长寿，更象征着对长辈的尊敬和敬仰。梅花，则以其坚韧不拔、自强不息的精神，成为满族人民心中的楷模。在严寒的冬日里，梅花不畏艰难，独自绽放，这种精神也激励着满族人民勇往直前，不畏困难。牡丹，作为花中之王，其富丽堂皇的姿态寓意着富贵吉祥、事业昌盛。在满族饰品中，牡丹图案往往被用来象征富贵和荣耀，寄托着人们对美好生活的向往。

　　除借助植物的象征意义外，满族人民还巧妙地利用植物名称的谐音，赋予它们更加丰富的吉祥寓意。葫芦，因与"福禄"谐音，而被视为吉祥之物。

在满族文化中，葫芦不仅代表着福禄双全，更象征着家庭的和谐与幸福。莲花，作为佛教中的圣花，其清雅脱俗的姿态被赋予多子多福的寓意。在满族饰品中，莲花图案往往与鱼、莲籽等元素相结合，共同构成一幅幅寓意吉祥的画面。竹子，则以其节节高升的姿态，寓意着平安顺利、事业提升。在满族文化中，竹子被视为吉祥之物，常常被用来象征事业的成功和人生的顺利。

这些植物图案不仅具有吉祥寓意，更是满族文化传承的重要载体。它们通过世代相传的手工艺人，被精心地雕刻、绣制在服饰、佩饰、家居用品等方面，成为满族文化的重要组成部分。这些图案不仅展现满族人民的审美情趣和工艺水平，更传递他们对生活的热爱和对未来的美好祝愿。在满族的传统节日和庆典中，植物图案更是不可或缺的元素。无论是在春节的窗花、端午的香囊上，还是在中秋的月饼模具上，都能看到各种植物图案的身影。这些图案不仅增添节日的喜庆氛围，更让人们在欢度佳节的同时，感受到满族文化的独特魅力。

3. 服饰图案及其特色

满族的传统服饰中，衣袍是最具标志性的存在。清代不论男女老少，无论季节变换，这种服装都是必备之选（见图2-28、图2-29）。根据材质和季节的不同，衣袍分为单衣、夹衣、棉衣和皮衣。春季和夏季穿着的称为衫，而秋季和冬季穿着的称为袍。最初这种服装并不被称为旗袍，而是其他民族对满族人（旗人）所穿袍服的称呼。

图 2-28　康熙年间男子着袍情形

图 2-29　康熙年间女子着袍情形

旗袍的设计简约而不失精致，其典型特征包括圆领、大襟、窄袖（部分带有独特的马蹄袖设计）以及四面开衩，并巧妙地配有纽襻。这种设计不仅美观大方，更是为适应满族人的生活方式和生产需求而精心打造的。旗袍摒弃中原地区长久以来的宽大上衣和长袖的服饰风格，转而采用更为紧凑、利落的剪裁。其最大的优势在于满足满族骑射的需求，窄袖设计便于拉弓射箭，而四面开衩则便于骑马时腿部的活动，充分体现旗袍的实用性与功能性。

随着清朝社会的进步与发展，旗袍的设计、装饰和功能也在不断地演变与革新。在清朝初期，袍和衫的长度较长，几乎及于足面，展现出一种庄重而典雅的风范。然而，到顺治末期，袍长逐渐缩短至膝盖，使穿着更为便捷。此后，袍长又经历多次变化，时而加长至膝盖以上，时而再次变短，这种变化不仅反映时尚潮流的变迁，也体现社会文化的演进。在同治年间，袍和衫的款式变得较为宽松，袖子宽度甚至超过一尺，展现出一种慵懒而随性的风格。然而，到光绪年初，这种宽松风格并未持续太久。甲午和庚子之后，随着社会的变革与人们审美观念的变化，旗袍的款式再次发生转变，紧身短腰和窄袖成为新的流行趋势，既凸显女性的身材曲线，又保留旗袍原有的简约与实用之美。

《京华百二竹枝词》中描述道："新式衣裳夸有根，极长极窄太难论，洋人著服图灵便，几见缠躬不可蹲。"这种紧身的款式几乎缠身，长度足以覆盖脚部，袖子仅能容下手臂，臀部形状不显露，一旦蹲下，衣服容易破裂，这成为清末男子衣袍的时尚趋势。衫袍的色彩多为月白、湖蓝、枣红、雪青、蓝色和灰色等，通常穿着浅色竹布长衫，单独穿着或在袍袄外罩上，形成上深下浅的色调搭配。满族女性的旗袍注重装饰，衣襟、领口、袖边等处常镶嵌多道花边或"狗牙儿"，并以镶嵌的多少为美，甚至有"十八镶"的说法。女性旗袍还流行"大挽袖"，袖长超过手腕，在袖子内部下半截彩绣不同颜色的花纹，然后挽起，以展现其独特和美观。这种长袍最初非常宽松，辛亥革命前夕逐渐变为紧身款式。清代男女穿着旗袍时，常在上身加一件短坎肩或长至腰间的坎肩，后来更偏好加短小绣花的坎肩，有的还在腰间系上湖色、白色或浅色的长腰带。旗袍的开衩在满族入关后也发生变化，从四面开衩变为两面开衩，甚至有的不开衩。四面开衩的旗袍和箭袖一样，后来也成为身份和地位的象征。

随着服装体系的逐步成型，一种创新服饰样式随之诞生，即我们所说的衬衫。这种服饰最初作为具备特定功能内衣而亮相，因而得名衬衫。在清朝，衬衫的基本样式是圆领、右开襟、直身剪裁、捻襟、平口、不带开衩的便装。衬衫的袖型分为两种，一是长至手腕的宽松袖，二是袖口较宽并在其上接一段双层袖头的半宽袖。袖口内部还装饰有独立的袖头，主要采用绒绣、纳纱、平金、织花等工艺。在清代，众多外套都设有开衩，如男性的吉服袍、常服袍和行服袍，女士的吉服袍、披风、长袍等，既有两侧开衩的，也有四侧开衩的，且开衩的长度一般都延伸至腋下。穿着这类开衩服装时，若不搭配内衣，则会显得不雅，且不符合封建礼节。

为防止行走时腿部外露，便设计出无开衩的内衣，即衬衫，以供穿着。衬衫最初无论男女款式，其材质和图案都相对朴素，通常采用纱、罗、小绸等面料制作。特别是男性衬衫，一般由素色绸、纱、罗制成，工艺简单，样式普通。即便是女士衬衫，装饰图案也十分简单，以普通织花为主。随着社会经济的发展和审美观念的提升，人们对服饰装饰性的需求日益增强，衬衫的审美需求也逐渐超越其实用性。在披风样式出现之前，女士衬衫已逐步从实用性向审美性转变（男性衬衫变化不大），演变为具有宽松袖和半宽袖两种款式的便装。在这一阶段，衬衫不仅在袖型上有所变化，衣边也经历显著的变化，采用不同宽度、颜色和图案的花边来装饰，图案多样，工艺精湛，面料包括绸、缎、纱等，如图 2-30 所示。

图 2-30　乾隆朝月白缎百花妆夹衬衣

　　女装款式中的氅衣，起源于清朝晚期，其典型样式为圆领款式、右侧开襟、直筒身形、宽松的衣身、高挽的平阔袖子以及两侧开衩的设计，如图 2-31所示。

图 2-31　清晚期明黄纱绣竹枝纹单氅衣

氅衣，这一由袍服演变而来的服饰，不仅承载着历史的厚重，更在清代服饰文化中占据举足轻重的地位。它被视为旗袍的一种变体，甚至有人直接将其等同于旗袍，足以说明其在服饰史上的重要地位。

在造型上，氅衣与挽袖衬衣有着诸多相似之处，两者都采用半宽的袖型，即人们常说的"大挽袖"。这种袖型设计既保留传统袍服的韵味，又增添新的时尚元素，使穿着者在行动间尽显优雅与从容。然而，尽管两者在袖型上相似，但整体设计上却存在着显著的区别。最引人注目的差异在于开衩设计。氅衣的两侧开衩高达腋下，这一设计不仅使穿着者在行走时更加自如，还巧妙地展现服饰的灵动与飘逸。而衩口顶端的云形图案装饰，更是为氅衣增添一抹华丽与灵动，使其在众多服饰中脱颖而出。相比之下，挽袖衬衣则没有这种开衩设计，其整体造型呈包裹式，显得更为庄重与内敛。

除开衩设计外，氅衣在袖口内部也下足功夫。通常，氅衣的袖口内部会缝有精美图案的袖头，这一设计不仅丰富服饰的细节，还展现穿着者的品位与身份。而氅衣的装饰风格更是繁复而考究，其边缘装饰尤其引人注目。领口衬、袖口、前襟至腋下的接合处以及裙摆边缘，都装饰有不同颜色、工艺和材质的花边、丝绦或狗牙边等。这些装饰元素不仅丰富服饰的视觉效果，还使氅衣在整体上呈现出一种华丽而精致的美感。

在清咸丰和同治年间，京城贵族女性的服饰装饰风格达到一个新的高峰。她们在氅衣上大量使用花边进行装饰，甚至有"十八道花边"的说法流传开来。这种以花边装饰为主的时尚潮流不仅体现了当时社会的审美倾向，还反映了贵族女性对于服饰装饰的极致追求。这种时尚潮流一直延续至民国时期，成为清代服饰文化的一道亮丽风景线。作为清代后妃非正式场合中等级最高、装饰性最强的服装，氅衣不仅在日常生活中扮演着重要角色，还是她们在探访亲友、接待来宾时所穿着的一种礼仪性便装，其凭借华丽的装饰、精致的工艺以及独特的文化内涵，成为清代服饰文化的瑰宝。

而套裤作为满族特色服饰之一，同样承载着丰富的历史与文化内涵。它普遍被下层劳动者所穿着，男性尤为常见，满族女性也会穿着以御寒保暖。套裤的设计简洁而实用，既符合满族人民的生活习惯，又体现了他们对于服饰功能的独特理解。在寒冷的冬季，套裤成为满族人民不可或缺的保暖服饰，为他们的日常生活提供极大的便利，如图 2-32 所示。

图 2-32　清末穿套裤、戴便帽、梳辫发的男子

　　虽然名为裤子，套裤却以其独特的设计颠覆了我们对传统裤装的认知。它并不完整，仅由两条裤腿构成，巧妙地省略一般裤子的上半部分，转而以两条带子作为替代，这种设计既新颖又实用，展现服饰设计的灵活性与创新性。套裤根据季节和场合的不同，分为棉、夹、单三种类型，以满足不同气候下的穿着需求。面料上，则有缎、纱、绸、呢等多种选择，既能保证穿着的舒适度，又体现出服饰的多样性与审美性。在北方寒冷地区，人们更是别出心裁，用丝织的宽扁扎脚带在接近脚踝的位置束紧裤腿，既保暖又防风。扎带末端装饰的一串流苏，随着步伐轻轻摇曳，为寒冷的冬日增添一抹灵动与雅致。

　　裤子，作为日常穿搭的必备单品，不仅发挥了实用功能，更承担着美化装饰的角色。它们与上衣、鞋子等搭配，共同构成个人风格的基石，展现穿着者的审美品位与生活态度。而提及装饰性服饰，披领无疑是不可忽视的存在。披领，也称作披肩，其历史可追溯至辽朝（见图2-33）。在辽朝风俗中，"贾哈"这一装束以其独特的形状和材质，成为贵族的挚爱。它采用锦缎或貂皮制成，形状类似簸箕，两端尖锐，环绕肩背，既保暖又显尊贵。

图2-33　披领

清代，披领这一传统被沿袭并发扬光大。它成为帝王、贵族、官员及其夫人穿着朝服时的必备饰品，是身份与地位的象征。披领以精美的锦缎或貂皮制成，上面绣有繁复的图案，如龙凤呈祥、云水纹等，既体现皇家的威严与尊贵，又展现服饰的精湛工艺与审美价值。在清代的规定服饰中，披领具有举足轻重的地位，是服饰文化不可或缺的一部分，如图2-34所示。

在浩瀚的历史长河中，服饰作为文化的重要载体，不仅反映了时代的审美变迁，也深刻体现了社会等级、民族特色及生活习惯。《清稗类钞·服饰类》一书，便是对清代服饰文化的一次细致入微的梳理与记录，其中关于披肩与马蹄袖的描述，尤为引人入胜，展现了清朝官员服饰的独特魅力与深厚底蕴。

图 2-34　咸丰帝戴披领朝服像

据徐珂所载，披肩在清代是文武官员穿着礼服时不可或缺的配饰，它不仅是一件衣物，更是身份与地位的象征。这种披肩设计精巧，搭于颈部，轻轻覆盖肩头，其形状呈优雅的菱形，既符合人体工学，又显得庄重而不失风度。尤为引人注目的是，披肩上绣有精致的龙纹图案。龙作为中华民族的象征，自古以来便是皇家专用的图腾，其在披肩上的运用，无疑彰显穿着者尊贵的身份和对皇权的敬畏。披肩根据季节的不同分为冬季与夏季两款，冬季款选用珍贵的紫貂皮或石青色镶海獭皮边，既保暖又华贵；夏季款采用透气的石青色布料，边缘镶以金边，既凉爽又不失庄重，体现古人对生活品质的讲究和对自然环境的适应。

在探讨中国丰富多彩的民族文化时，满族服饰以其独特的历史韵味与精湛的工艺设计脱颖而出，成为中华民族服饰文化宝库中的瑰宝。而提及满族服饰，一个不可忽视的标志性特征是充满民族风情与实用智慧的马蹄袖。马蹄袖，在满语中被称为"waha"，这一词汇不仅是对其形态的直观描述，更蕴含着满族人民深厚的情感寄托与民族文化认同，是满族传统文化中一抹亮丽的色彩。马蹄袖作为满族传统袍服不可或缺的一部分，它不仅是一种装饰性的存在，更是满族人民在长期生产生活实践中，根据自然环境与社会需求，巧妙构思、精心设计的产物。它凝聚满族先人的智慧与创造力，是满族服饰民族风格的重要元素，也是满族文化独特性的体现。

从设计上看，马蹄袖突破传统袖型的限制，创造性地在普通袖口的基础上，增加一个半圆形的"袖头"。这个"袖头"通常最长处的直径约为15厘米，其形状宛如自然界中的马蹄，故而得名。这种独特的设计，不仅赋予服饰以动态美感，使得穿着者在举手投足间流露出一种洒脱与不羁，更重要的是，它巧妙地融合实用性与审美性，体现了满族服饰的功能主义设计理念。

马蹄袖的实用性主要体现在满族作为马背上的民族对于服饰功能性的独特需求，在骑马射箭时，宽大的马蹄袖能够随着手臂的动作自如展开，既不妨碍动作的灵活性，又能有效减少风阻，提高骑射效率。同时，半圆形的袖头还能在寒冷的天气里为手腕提供额外的保暖，防止寒风侵袭，保护满族人民在恶劣自然环境下的身体健康。这种设计，无疑是对满族生活方式与自然环境深刻理解的体现，也是满族服饰适应性与实用性的完美融合。此外，马蹄袖还承载着丰富的文化内涵与象征意义。在满族的传统习俗中，马蹄袖的穿戴有着严格的礼仪规范，不同场合、不同身份的人穿着的马蹄袖样式也有所不同，这不仅体现了满族社会的等级制度，也反映着满族人民对美的追求与对传统文化的尊重。随着时间的推移，马蹄袖逐渐从实用的服饰部件，演变为满族文化的重要符号，成为识别满族身份、传承民族文化的重要标志，如图 2-35 所示。

图 2-35　马蹄袖（截图）

马蹄袖，这一独特的袖型设计，其产生与满族人民的生活和生产环境紧密相连，是满族服饰文化中的一颗璀璨明珠。在满族入关之前，狩猎是他们主要的生活方式，而马蹄袖的巧妙设计，正是为适应这种严酷环境下的骑射需求而诞生的。

马蹄袖，顾名思义，其形状犹如马蹄，覆盖着手背，不仅能够有效地抵御严寒，保护手部不受冻伤，还能在骑射时提供额外的支撑和稳定性，使得满族人民在寒冷的北方地区也能自如地驰骋于山林之间，展现他们出色的骑射技艺。这种设计不仅体现了满族人民的智慧与创造力，更彰显他们对自然环境的适应与征服。然而，随着满族入关后生活方式的改变，骑射习惯逐渐减少，马蹄袖的实用性随之降低。但这一独特的设计并未因此而消失，反而逐渐演变成礼仪和身份的象征。在重要的场合或行礼时，满族人会特意将平时束起的袖头放下，以展现庄重和礼貌。这种转变不仅赋予马蹄袖新的文化内涵，也使其成为满族服饰不可或缺的一部分，清代各类袍服中均可见到马蹄袖的身影。

值得一提的是，尽管时代变迁，马蹄袖这一传统元素并未被遗忘。20世纪80年代的黑龙江乡村，尤其是在老年"车老板"的衣袖上，我们仍能看到这种样式的存在。他们尽管身着现代化的棉衣，却仍特意接上一个狗皮或狼皮的"袖头"，这不仅是对传统习俗的坚守，更是对马蹄袖所承载的满族文化的传承与致敬。时至今日，马蹄袖这一元素已经超越服饰的范畴，融入现代服装设计中。许多设计师在追求时尚与创新的同时，也不忘挖掘和传承传统文化中的精髓。他们将马蹄袖与现代元素相结合，创造出既具有传统韵味又不失时尚感的服饰作品，让这一古老的服饰元素焕发出新的生机与活力。

马蹄袖的传承与发展，不仅是对满族文化的致敬与延续，更是对一切富有生命力元素的尊重与传承。它告诉我们，无论时代如何变迁，那些承载着历史与文化底蕴的元素，都将在历史的长河中熠熠生辉，成为连接过去与未来的桥梁。在未来，我们期待看到更多的传统文化元素被挖掘、被传承、被创新。因为只有这样，我们才能让这些富有生命力的元素在历史的长河中不断流淌，成为我们民族文化的瑰宝，照亮我们前行的道路。同时，我们也应该积极学习和了解这些传统文化元素背后的故事与意义，让其成为我们精神世界的滋养与支撑。

第三节　民国及之后的满族服饰图案

一、动物

作为中国服饰文化中一颗璀璨的明珠，旗袍不仅是一种服饰的象征，更是中华民族深厚文化底蕴与独特审美情趣的集中体现。它以其独有的图案设计，细腻地编织着历史的经纬，将传统与现代、东方与西方的美学理念巧妙融合，成为中国服饰艺术宝库中不可多得的艺术瑰宝，如图2-36所示。

图2-36　橘红闪嫩绿闪缎夹旗袍（20世纪20年代）

旗袍上的每一针每一线，每一幅图案，都承载着丰富的文化内涵和象征意义，它们或讲述着古老的神话传说，或描绘着山水之间的诗意生活，让穿着者在举手投足间流露出非凡的气质与风韵。

自 20 世纪初的民国时期起，旗袍便以一种前所未有的姿态，成为展现中国女性独特魅力的标志性民族服饰，迅速风靡全国，并走向世界舞台，赢得全球的瞩目与赞誉。这一时期，旗袍的设计与制作达到前所未有的高度，不仅在面料选择上讲究，更在剪裁技艺上追求极致，力求通过服装的线条与轮廓，完美地勾勒出女性曼妙的身姿，展现出东方女性的含蓄内敛与优雅大方。旗袍的流行，不仅反映了当时社会风气的开放与女性地位的提升，也标志着华夏女性衣饰史上一次深刻而划时代的变革。从此，中国女性的美，不再被束缚于宽大的袍服之下，而是以更加自信、大方的姿态，向世界展示着属于东方的独特韵味。动物图案在民国早期的旗袍中较为常见，其主要继承晚清的服饰风格，成为旗袍上不可或缺的装饰元素。

　　动物图案：民国早期常见，富有象征意义。蝴蝶象征着自由与美好，凤凰代表着吉祥与富贵，龙与仙鹤是权力与长寿的象征。这些动物图案常常与植物、云纹等相结合，共同构成一幅幅寓意深远的画面，既丰富旗袍的视觉效果，又增添深厚的文化底蕴。然而，在民国后期，随着审美观念的变化和西方文化的冲击，这类动物图案逐渐变得罕见。而旗袍最为人称道的设计特色，莫过于其对女性身形曲线之美的极致彰显。设计师巧妙地运用剪裁技巧，通过腰部的收紧、臀部的放宽以及裙摆的流线型设计，使得旗袍能够紧贴身体而不失舒适度，完美勾勒出女性凹凸有致的身材曲线，既体现对女性身体自然美的尊重与颂扬，又展现服装设计上的高超技艺与艺术创造力。这种对美的追求与表达，不仅让旗袍成为中国女性出席重要场合的首选服饰，更在国际时尚界留下深刻的印记，成为连接东西方美学的桥梁，让世界各地的人们都能通过旗袍这一窗口，窥见中国深厚的文化底蕴与独特的美学精神。

　　民国及之后的满族服饰中，动物图案不仅种类繁多，而且寓意深远，承载着丰富的历史文化内涵。以下是对几种常见动物图案的详细阐述：

　　龙：作为中国传统文化中的神兽，龙在满族服饰中具有举足轻重的地位。它通常被绣在袍服、马褂等服饰的显眼位置，如胸前、背后或袖口，象征着皇权、尊贵和吉祥。民国时期，尽管龙纹的使用受到一定限制，但在民间服饰或特定场合，如节日庆典、婚礼等，龙纹仍然屡见不鲜，彰显着穿着者的尊贵身份和对美好生活的向往。

凤：与龙并列为中国传统文化中的神兽，凤代表着女性的高贵和美丽。在满族服饰中，凤纹常被绣在女性的袍服、裙子等服饰上，寓意着吉祥、幸福和美满。民国时期，凤纹的使用同样受到一定限制，但在传统服饰或婚礼服饰中，凤纹仍然以其精美的绣制工艺和深刻的寓意，成为女性服饰中的亮点。

鹿：在满族文化中，鹿象征着吉祥、长寿和幸福。鹿纹在满族服饰中的使用非常普遍，常被绣在袍服、马褂等服饰的袖口、领口或下摆处。民国时期，鹿纹继续作为满族服饰的重要装饰元素，寓意着穿着者能够拥有幸福美好的生活，同时也体现满族人民对自然的敬畏和崇拜。

虎：作为满族文化中的勇猛之兽，虎代表着力量和勇气。在满族服饰中，虎纹常被绣在袍服、马褂等服饰的胸前或背后，以彰显穿着者的英勇和威武。民国时期，虽然虎纹的使用不如龙、凤等图案普遍，但在一些特定场合或军事服饰中，虎纹仍然以其独特的魅力和深刻的寓意，吸引着人们的目光。

鱼：在满族文化中，鱼象征着丰收和富足。鱼纹在满族服饰中的使用同样非常普遍，常被绣在袍服、裙子等服饰的下摆或袖口处。民国时期，鱼纹继续作为满族服饰的吉祥装饰元素，寓意着穿着者能够拥有富足的生活和美好的未来。这种寓意与满族人民对美好生活的向往和追求紧密相连。此外，民国时期的满族服饰还出现许多其他动物图案，如麒麟、鹤等，这些图案同样承载着丰富的寓意和象征意义，体现满族人民对自然的敬畏和崇拜以及对美好生活的向往和追求。这些动物图案不仅丰富了满族服饰的视觉效果，也传承着满族的文化传统和民族特色。

民国及之后的满族服饰，以其独特的动物图案和精湛的工艺，展现满族人民的智慧和创造力。这些图案不仅丰富了服饰的视觉效果，更承载着深厚的文化内涵和民族特色。刺绣是满族服饰中最为常见的工艺之一，也是展现动物图案的主要手段。民国时期的满族妇女，凭借精湛的刺绣技艺，通过细腻的针法和丰富的色彩，将龙、凤、鹿、虎等动物图案栩栩如生地绣制在袍服、马褂等服饰上。这些图案不仅形态逼真而且寓意深远，如龙象征皇权、尊贵，凤代表女性的高贵和美丽，鹿寓意吉祥、长寿，虎则象征力量和勇气。刺绣工艺在民国时期得到进一步的发展和创新，形成多种具有地方特色的刺绣风格，如锦州地区的满族刺绣，就以其独特的技艺和风格而闻名。

缂丝是一种古老的丝织工艺，以其独特的纹理和色彩效果而著称。在满族服饰中，缂丝常被用来制作动物图案的局部或整体，使服饰更加精美和独特。民国时期的满族服饰中，缂丝工艺得到传承和发展。工匠运用缂丝技艺，将动物图案与服饰面料完美融合，形成一种别具一格的装饰效果。这种工艺不仅展现满族服饰的华丽与典雅，也体现满族人民对传统文化的传承与创新。织锦是一种将多种颜色的丝线交织在一起的丝织工艺。在满族服饰中，织锦常被用来制作动物图案的背景或边框，使图案更加突出和醒目。民国时期的满族服饰中，织锦工艺得到进一步的创新和发展。工匠运用精湛的织锦技艺，将各种颜色的丝线巧妙交织，形成多种具有民族特色的织锦图案。这些图案不仅色彩鲜艳、图案精美，而且寓意深刻，体现满族人民对美好生活的向往和追求。

贴花是一种将预先制作好的图案粘贴在服饰上的装饰方式。在满族服饰中，贴花常被用来制作动物图案的局部或细节，使服饰更加生动和有趣。民国时期的满族服饰中，贴花工艺得到广泛的应用和发展。工匠运用各种材料和技术，制作出精美的贴花图案，并将其粘贴在服饰的显眼位置，为服饰增添别样的趣味和风格。这种工艺不仅简单易行、效果显著，而且能够根据不同的服饰风格和场合需求进行灵活调整，以满足不同人群的审美需求。民国及之后的满族服饰中的动物图案，以其独特的工艺和表现方式，展现出满族人民的智慧和创造力。这些图案不仅丰富了服饰的视觉效果和文化内涵，也传承着满族的文化传统和民族特色。在当今社会，这些具有民族特色的服饰仍然受到人们的喜爱和追捧，成为中华民族传统文化的重要组成部分。

民国及之后的满族服饰，其动物图案不仅深深扎根于传统的文化内涵和民族特色之中，更在新的时代背景下融入创新理念，展现出独特的艺术魅力。这些图案不仅是服饰的装饰元素，更是满族人民对自然、生活及美好愿景的深刻表达。

民国时期，随着西方服饰文化的传入，满族服饰中的动物图案开始与西方元素相融合，形成中西合璧的独特风格。这种融合并非简单的堆砌，而是在保留满族服饰传统韵味的基础上，巧妙地融入西方服饰的精致与华丽。例如，将西方的花卉图案与满族的龙、凤等动物图案相结合，既保留满族服饰的庄重与典雅，又增添西方服饰的浪漫与柔美。同时，西方的几何图形也被巧妙地融入满族服饰的动物图案中，使得服饰在保持传统民族特色的同时，又充满现代感与时尚气息。

随着时代的变迁和审美观念的变化，民国及之后的满族服饰中的动物图案开始呈现出简化和抽象的趋势。这种处理方式不仅使服饰更加符合现代人的审美需求，也赋予动物图案新的艺术性和创意性。传统的龙、凤等动物图案被简化为更加简洁的线条和形状，而鹿、虎等动物图案则通过抽象的手法，以更加独特的形式呈现在服饰上。这种简化和抽象的处理方式，不仅使动物图案更加醒目和突出，也增强服饰的视觉冲击力和艺术感染力。

在现代社会，人们的审美观念更加多元化和个性化。民国及之后的满族服饰中的动物图案也开始呈现出多样化的趋势。一些传统的动物图案被赋予新的寓意和象征意义，如龙图案不仅代表皇权和尊贵，而是更多地象征着力量和智慧；凤图案则更多地被用来寓意女性的美丽和独立。同时，一些新的动物图案也开始出现，如卡通动物、抽象动物等，这些图案以其独特的造型和寓意，为满族服饰增添新的活力和趣味。此外，满族服饰中的动物图案还与其他文化元素相结合，形成独具特色的服饰风格。例如，将满族的传统动物图案与汉族的吉祥图案相结合，或者将满族的动物图案与西方的艺术风格相融合，都使得满族服饰在保持传统韵味的同时，又充满现代感和国际范。

民国及之后的满族服饰中的动物图案，既是满族文化的重要组成部分，也是服饰装饰的重要元素。这些图案不仅承载着丰富的历史文化内涵和民族特色，也体现了满族人民对自然的敬畏和崇拜，以及对美好生活的向往和追求。在新的时代背景下，这些动物图案不断创新和发展，成为一种具有时代特色和民族特色的服饰装饰元素。一方面，满族服饰中的动物图案传承满族文化的精髓和特色。这些图案通过世代相传，成为满族服饰的标志性元素，彰显满族人民的民族自豪感和文化认同感。另一方面，这些图案也在不断地创新和发展中，融入新的时代元素和审美观念，使得满族服饰在保持传统韵味的同时，又充满现代感和时尚气息。

在当前文化经济迅猛发展的背景下，大众对缺乏创新、单调重复的现代服饰图案产生厌倦情绪，他们期待着能够融合传统与现代风格的服饰图案崭新亮相。设计师可以运用创新的设计手法，对满族传统服饰中的自然元素、动物形象和植物图案进行分类创新，创造出全新的图案样式。以下将详细展示设计流程和效果图。在动物图案设计方面，可以细分为以下几个部分：

1. 以鹰为元素的图案

在满族丰富的文化遗产中，萨满教作为其古老的精神支柱，承载着民族的历史记忆与信仰体系。鹰，作为萨满教信仰中举足轻重的神祇象征，不仅代表着力量、智慧与高远，更是满族人民心中祈福避邪、追求吉祥的圣物。它翱翔于天际的姿态，不仅是对自由与勇气的颂歌，更深深融入满族文化的血脉之中，成为连接人与神、自然与超自然世界的桥梁。现代设计灵感正是源自这一深厚的文化底蕴，将鹰这一神圣图腾与现代设计理念相融合，旨在通过创新的手法展现满族萨满文化的独特魅力。设计的核心在于萨满面具，这一神秘而庄重的仪式道具，不仅是萨满巫师沟通神灵、进行法事的媒介，也是满族艺术中极具特色的表现形式。通过打散重构的设计技巧，我们试图打破传统图案的固有框架，探索一种既尊重传统又富有现代感的表达方式。

具体而言，首先将原始的鹰图案进行细致拆解，每一片羽毛、每一个眼神的细节都不放过。这一步骤要求设计师不仅要对满族传统图案有深入的理解，还需具备将传统元素现代化演绎的能力。拆解后的图形元素，如同散落的拼图，等待着新的组合与重生。在这一过程中，特别注重保持鹰形象的精髓——锐利的目光、展开的羽翼以及那份不可侵犯的威严，这些都是重新构图中不可或缺的灵魂。

重构时，大胆地将这些分散的图形元素以非传统的方式重新组合，创造出一种既熟悉又新颖的视觉体验。鹰的主体形象被巧妙地置于设计的中心位置，而原本属于鹰身的羽毛元素，则以一种意想不到的方式"飞"到衣领部位，仿佛是为穿着者披上一层神圣的光环，既保留传统图案的寓意，又赋予服饰以动态美和生命力。这样的设计不仅强化鹰作为守护神的象征意义，也让服饰本身成为一件艺术品，讲述着古老与现代交织的故事。色彩选择上，回归本源，以黑色为主调，辅以白色作为点缀。黑色，在满族文化中常与神秘、庄重相联系，是萨满教仪式中不可或缺的颜色，其能够深沉地表达出萨满信仰的肃穆与力量。而白色，则象征着纯洁与高尚，与黑色形成鲜明对比，又和谐共生，共同营造出一种超脱世俗的氛围。这两种无色系色彩的运用，不仅强化了满族宗教的神秘色彩，也巧妙地映射出满族人民内敛而不失坚韧，稳重中蕴含激情的性格特征。

此外，考虑到服装的实际应用，设计还预留灵活性，允许根据服装的整体色调进行色彩调整，无论是全黑的神秘莫测，还是黑白相间的优雅平衡，都能完美适配，满足不同场合与个性的需求。这样的设计思路，既是对传统的一次致敬，也是对传统文化在现代语境下如何创新传承的一次积极探索。在具体设计中，通过打散重构鹰图案、巧妙运用色彩对比，以及保持文化内核的同时融入现代审美，不仅让萨满文化中的鹰形象焕发出新的生命力，也为满族传统文化的传承与发展提供一个新的视角和可能。具体效果如图 2-37 所示。

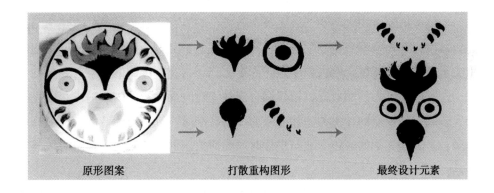

原形图案　　　　　打散重构图形　　　　　最终设计元素

图 2-37　鹰纹

2. 蝶翼新篇

在浩瀚的民族文化长河中，满族旗袍以其独特的艺术魅力和深厚的文化底蕴，成为中华传统服饰中的一颗璀璨明珠。其中，蝶翼刺绣图案作为旗袍上常见的装饰元素，不仅承载着满族人民对美好生活的向往与追求，也是其精湛手工艺与审美情趣的集中体现。本设计正是从这一经典图案中汲取灵感，通过一系列创新手法，旨在探索满族传统文化与现代时尚之间的完美融合，开启一段"蝶翼新篇"。

设计之初，深入研究满族旗袍上蝶翼图案的历史渊源与艺术特色，发现其不仅形态各异、色彩斑斓，而且蕴含着丰富的吉祥寓意，如蝶舞花间象征着生活美满、幸福绵长。然而，传统并不意味着一成不变，如何在尊重与传承的基础上，赋予这一古老图案新的生命力，成为本次设计的核心挑战。为此，采用"解构重组"的设计理念，首先对原始的蝶翼图案进行细致的拆解与分析，将其分解为翅膀轮廓、花纹细节、色彩分布等多个组成部分。这一过程不仅要求具备深厚的文化理解力，还需要有敏锐的现代设计视角，以便在保留传统精髓的同时，注入新鲜血液。然后，依据现代审美趋势，对这些元素进行重新整合与创新。以蝶翼的轮廓为核心，运用层叠技法，通过不同材质与透明度的叠加，创造出一种既保留蝶翼轻盈质感，又富有层次感和空间感的抽象图案。这种技法不仅打破传统刺绣的平面限制，还赋予图案以动态美，仿佛蝴蝶正欲振翅高飞，为整体设计增添一份灵动与活力。

在色彩搭配上，大胆尝试红、黄、蓝三色的组合。红色，象征着热情与吉祥，是满族文化中不可或缺的色彩；黄色，代表着尊贵与辉煌，与满族皇室的历史紧密相连；蓝色，给人以宁静与深邃之感，寓意着广阔的天空与无限的未来。这三种颜色的鲜明对比，不仅迎合现代人对时尚色彩的大胆追求，更在视觉上形成一种强烈的冲击力，让人眼前一亮。同时，红、黄、蓝的搭配也巧妙地融合了满族文化的豪迈奔放与现代时尚的活力四射，展现出一种跨时代的审美共鸣。

此外，还注重设计的实用性与可穿性。在保持图案艺术性的同时，考虑到不同场合与人群的穿着需求，设计了一系列可调整色彩饱和度与图案大小的版本，确保无论是日常穿搭还是特殊场合，都能找到最适合自己的那一款。这种灵活多变的设计思路，不仅拓宽了满族传统文化的应用范畴，也为传统文化的现代传承提供了新思路，如图 2-38 所示。

3. 金鳞幻影

在浩瀚的民族文化宝库中，满族传统刺绣以其精湛的技艺、丰富的图案和深厚的文化内涵，成为中华手工艺史上的一颗璀璨明珠。其中，金鱼刺绣作为满族服饰中常见的装饰元素，不仅寓意着吉祥富贵、子孙满堂，更是满族人民审美情趣与智慧结晶的集中体现。本设计正是从这一传统图案中汲取灵感，通过现代设计手法对其进行创意演绎，旨在探索满族传统文化与现代审美之间的和谐共生，为传统技艺注入新的活力。

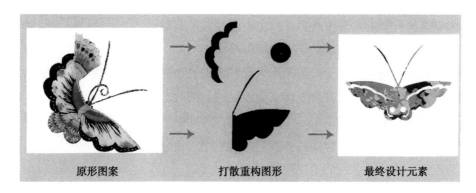

原形图案 打散重构图形 最终设计元素

图 2-38 蝴蝶纹

设计之初，深入研究满族金鱼刺绣的历史渊源与艺术特色，发现其不仅形态生动、色彩鲜明，而且蕴含着丰富的吉祥寓意。金鱼，作为中国传统文化中的吉祥符号，象征着财富、繁荣与多子多福。然而，如何在保留这些美好寓意的同时，赋予金鱼图案以新的生命力和现代感，成为本次设计的核心挑战。

为此，采用打散重构的设计策略，对金鱼图案进行深入的拆解与重组。首先，将金鱼的各个关键部位——尾、鳞、眼、须等，精心分离出来，作为设计的基本元素。这一过程不仅要求具备对传统图案的深刻理解，还需要有敏锐的现代设计视角，以便在保留金鱼特征的同时，为其注入新的形态语言。以棋盘格分割为设计基调，将这些拆分后的金鱼元素巧妙地融入其中。棋盘格，作为一种古老而经典的图案形式，不仅具有规律的美感，还寓意着秩序与和谐。通过棋盘格的分割与重组，创造出一种既有规律又富于变化的四方连续图案。这种图案形式不仅保留满族传统刺绣的精致与细腻，还被赋予现代设计的几何美感与节奏感。

在金鱼眼睛的设计上，更是别出心裁。将其置于方形图案的中央，形成一种独特的图形阵列效果。金鱼的眼睛，作为整个图案的灵魂所在，不仅生动地展现金鱼的灵动与生机，还通过其位置的巧妙安排，增强图案的视觉冲击力与吸引力。

为进一步强化整体氛围，在文字设计上也是煞费苦心。上方采用英文"Gold and jade fill the hall—abundant wealth or many children in the family"，这句话直接翻译自满族金鱼刺绣所寓意的"金玉满堂"，不仅让国际友人能够领略到满族文化的魅力，也展现设计对于跨文化交流的重视。下方则以简洁明确的"Goldfish"点明主题，使设计更加直观易懂。

在色彩运用上，充分借鉴满族传统刺绣中对比色系的运用技巧，通过色彩的鲜明对比，营造出一种热烈而欢快的氛围。同时，为避免色彩过于刺眼，还巧妙地运用色彩互混的手法，使各种色彩在对比中达到一种柔和的调和美。这种色彩处理方式不仅保留满族传统刺绣的鲜艳与活泼，还赋予其现代设计的和谐与雅致，如图 2-39 所示。

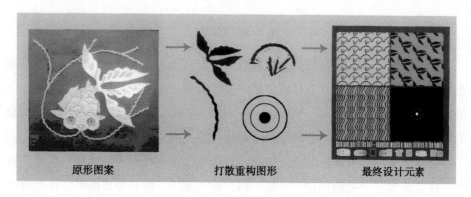

原形图案　　　　　　打散重构图形　　　　　　最终设计元素

图 2-39　蝴蝶纹

二、花卉

民国初年，中国社会正经历着一场前所未有的变革，而这场变革的浪潮也悄然波及服饰领域，尤其是旗袍这一极具代表性的女性服饰。彼时的旗袍，虽然在款式与图案上仍保留着清末满族女性服饰的某些痕迹，但已开始孕育着新的变化，预示着一种新时代的审美趋势正在悄然兴起。那时的旗袍，整体风格偏向于宽松，裙摆宽大，与晚清时期满族女性的传统服饰有着明显的承继关系。设计师在保留传统韵味的同时，也进行了一定的革新，摒弃清末服饰中那些繁复冗长的边饰，转而采用更为简洁的线条和细窄的装饰边来点缀袖口和裙摆，既保留服饰的华美，又不失清新脱俗之感。这种设计上的微调，既是对传统的一种尊重，也是对新时代审美趋势的一种顺应，体现了服饰文化在传承与创新之间的微妙平衡。

在图案设计上，民国初年的旗袍多选用如牡丹、梅花、菊花、兰花等富有晚清特色的传统花卉作为主题，这些花卉不仅形态优美而且寓意深远，牡丹象征着富贵，梅花寓意着坚韧与高洁，菊花代表着淡泊与高雅，兰花象征着清雅与脱俗。与此同时，设计师巧妙地将凤凰、蝴蝶等动物图案融入其中，与花卉图案相互映衬，共同构成一幅幅寓意吉祥、富贵的图案画面。这些图案不仅美化旗袍的外观，更赋予它深厚的文化内涵和象征意义，使得每一件旗袍都成为一件艺术品，承载着穿着者的美好愿景与期盼。

然而，随着时间的推移，20世纪30~40年代，随着西方文化的不断涌入，中国社会的审美观念发生巨大的变化，旗袍的设计迎来前所未有的革新。这一时期，旗袍的款式逐渐摆脱传统的束缚，变得更加修身、合体，裙摆也相应缩短，更加凸显女性的身材曲线。更为重要的是，在图案设计上，旗袍开始大胆吸收西方服饰文化的元素，打破原有的服饰框架，呈现出多样化、内容丰富的新面貌。

此时的旗袍图案，不再局限于传统的花卉与动物，而是涵盖更为广泛的题材，包括植物、动物、几何图案以及抽象的艺术设计。植物图案中，除传统的花卉外，还出现如藤蔓、叶子等更为自然、生动的元素；动物图案更加丰富多彩，既有传统的龙凤呈祥，也有西方的狮子、鹿等形象；几何图案的运用，使旗袍在视觉上更具现代感，线条流畅、构图巧妙，既体现东方美学的含蓄内敛，又融入西方艺术的直白与奔放。

这一时期的旗袍，不仅在设计上达到前所未有的高度，更在文化内涵上实现东西方文化的完美融合。它不仅是一件服饰，更成为一种文化的载体，一种时代的象征，记录着那个风云变幻的时代里，中国女性对于美的追求与探索，以及她们在传统与现代、东方与西方之间寻求平衡与融合的勇气与智慧。旗袍的每一次变革，都是对中国服饰文化的一次丰富与发展，也是对中国女性独立、自信、开放精神的一次生动诠释。在旗袍的装饰艺术中，图案设计无疑占据举足轻重的地位。其中，植物图案的使用尤为广泛，它们以简洁的线条和清新的色彩，为旗袍增添了几分雅致与生机。这些植物图案往往选取自然界中常见的花卉，如牡丹、梅花、兰花等，通过艺术的加工与提炼，使其既保留原有的形态美，又赋予更深的文化内涵。植物图案线条简化，色彩清新。牡丹寓意富贵，梅花象征高洁，兰花则代表清雅脱俗。这些图案不仅美化旗袍的外观，更在无形中传递着穿着者的品位与气质。

除植物和动物图案外，文字图案也是旗袍上的一种独特装饰。如五字纹、寿字纹等，寓意吉祥。这些文字图案不仅具有装饰作用，更承载着人们对美好生活的向往和祝福。它们以简洁明的线条和字形，将吉祥、长寿等美好寓意融入旗袍之中，使穿着者在彰显个性的同时，也能感受到传统文化的魅力。此外，条纹和格子图案也是旗袍中常见的装饰元素，它们以简洁的线条和规律的排列方式，为旗袍增添几分几何美感。这些图案往往以横向或纵向的条纹、大小不同的格子等形式出现，通过色彩的搭配和对比，营造出一种既简约又不失时尚感的视觉效果。它们不仅适合日常穿着，也能在正式场合中展现出穿着者的优雅与大方。旗袍的图案设计是其魅力所在。从植物到动物，从文字到几何图案，每一种图案都承载着深厚的文化内涵和象征意义。它们以独特的艺术形式，展现旗袍的多样性和丰富性，也让旗袍成为中国服饰文化的一道亮丽风景线。

满族服饰中的花卉图案可追溯至古代。在中国传统文化中，花卉常被赋予吉祥、美好的寓意，如牡丹象征富贵，梅花寓意坚韧，莲花代表纯洁等。这些寓意深远的花卉图案，随着历史的变迁，逐渐融入满族服饰中，成为满族人民表达美好愿景和审美情趣的重要载体。民国时期，虽然社会动荡不安，但满族服饰中的花卉图案并未因此而衰落。相反，在这一时期，花卉图案得到进一步的传承和发展。一些传统的花卉图案，如牡丹、梅花、莲花等，继续被广泛应用在满族服饰上，而一些新的花卉图案，如菊花、兰花等，也开始逐渐崭露头角。民国及之后的满族服饰中，花卉图案的种类繁多，各具特色。

牡丹，作为中国传统文化中的"花中之王"，在满族服饰中占据着举足轻重的地位。牡丹图案常被绣制在服饰的显眼位置，如袍服的胸前、背后或袖口，以其雍容华贵的姿态，彰显穿着者的尊贵身份和高雅品位。在民国时期，牡丹图案更是得到极致的发挥，图案更加精细，色彩更加丰富，成为满族服饰中的一大亮点。梅花，以其坚韧不拔的品格和傲雪凌霜的风采，深受满族人民的喜爱。在满族服饰中，梅花图案常被用来寓意坚韧和纯洁，绣制在袍服、裙子或马褂上，为服饰增添一份清雅和脱俗。民国时期的梅花图案，更加注重线条的流畅和色彩的搭配，使梅花图案更加生动逼真，富有艺术感染力。莲花，作为佛教中的圣花，寓意着纯洁和超脱。在满族服饰中，莲花图案常被绣制在服饰的下摆或袖口处，以其清雅脱俗的姿态，为服饰增添一份宁静和祥和。民国时期的莲花图案，不仅保留传统的寓意和风格，还融入新的审美元素和工艺技巧，使莲花图案更加丰富多彩，具有时代特色。菊花，以其傲霜独立的品格和丰富多彩的色彩，成为满族服饰中的新宠。在民国时期，菊花图案开始逐渐崭露头角，被广泛应用在袍服、马甲等服饰上。菊花图案的绣制工艺也日趋精湛，图案精细逼真，色彩丰富多样，为满族服饰增添一份秋日的韵味和雅致。兰花，以其高洁清雅的品质和幽香四溢的芬芳，深受满族人民的喜爱。在民国时期，兰花图案开始被引入满族服饰中，成为一种新的装饰元素。兰花图案的绣制工艺讲究细腻和精致，常常与其他的花卉图案或动物图案相结合，形成一种别具一格的装饰效果。

民国及之后的满族服饰中，花卉图案的工艺与表现方式多种多样。刺绣是满族服饰中最为常见的工艺之一。通过细腻的针法和丰富的色彩，将花卉图案栩栩如生地绣制在服饰上。民国时期的刺绣工艺更加精湛，不仅图案精细逼真，色彩搭配也更加和谐美观。刺绣工艺的应用范围非常广泛，无论是袍服、裙子还是马褂等服饰，都可以看到精美的刺绣花卉图案。缂丝是一种古老的丝织工艺，以其独特的纹理和色彩效果而著称。在满族服饰中，缂丝常被用来制作花卉图案的局部或整体，使服饰更加精美和独特。民国时期的缂丝工艺得到进一步的传承和发展，工匠运用精湛的技艺和丰富的想象力，将花卉图案与缂丝工艺完美结合，形成一种别具一格的装饰效果。织锦是一种将多种颜色的丝线交织在一起的丝织工艺。在满族服饰中，织锦常被用来制作花卉图案的背景或边框，使图案更加突出和醒目。民国时期的织锦工艺得到进一步的创新和发展，形成多种具有民族特色的织锦图案。这些图案不仅色彩鲜艳、图案精美，而且与花卉图案相得益彰，共同构成满族服饰的一道亮丽风景线。贴花是一种将预先制作好的图案粘贴在服饰上的装饰方式。在满族服饰中，贴花常被用来制作花卉图案的局部或细节，使服饰更加生动和有趣。民国时期的贴花工艺得到广泛的应用和发展，工匠运用各种材料和技术制作出精美的贴花图案，并将其粘贴在服饰的显眼位置或与其他图案相结合，形成一种别具一格的装饰效果。

更为重要的是，民国以后的满族服饰中的花卉图案不仅具有装饰作用，更承载着深厚的文化内涵和象征意义。牡丹象征着富贵和荣华。在满族服饰中，绣制牡丹图案不仅彰显穿着者的尊贵身份和高雅品位，也寄托人们对美好生活的向往和追求。梅花象征着坚韧和纯洁。在满族服饰中，绣制梅花图案不仅表达穿着者对高洁品质的崇尚和追求，也寓意着坚韧不拔的精神和傲雪凌霜的风采。莲花象征着纯洁和超脱。在满族服饰中，绣制莲花图案不仅为服饰增添一份宁静和祥和的气息，也寓意着穿着者对纯洁品质的追求和对超脱境界的向往。菊花象征着傲霜独立和丰富多彩的生活。在满族服饰中，绣制菊花图案不仅展现穿着者对秋日韵味的喜爱和欣赏，也寓意着对生活的热爱和对多彩世界的追求。兰花象征着高洁清雅和幽香四溢的芬芳。在满族服饰中，绣制兰花图案不仅体现穿着者对高雅品质的崇尚和追求，也寓意着对美好生活的向往和对幸福生活的期待。

而在花卉植物类中，现代设计元素融入满族服饰图案设计中别有一番情境，在现代与传统文化的冲击下，实现文化的传承与发展。在植物花卉类设计中，主要包含三类：

1. 树纹

此设计方案汲取满族古老信仰——萨满教中图腾信仰的精髓。在满族人的精神世界里，他们对周围自然界的生灵抱有崇敬之情，几乎所有的动植物都被视为神灵。树木，特别是柳树，在他们的信仰中占据着重要的位置，被认为是连接天地的桥梁，因此祭祀仪式往往在树荫下进行，祭祀者的服饰上也常常印有树形图腾。在此次树纹图案的创新设计中，设计师运用图形置换的技巧，将传统与现代巧妙融合。该设计由两种图形元素组合而成，一是象征着满族原始信仰的树神形象，二是现代元素——手绘灯泡图案。这两种元素的结合看似异想天开，实则寓意深刻，趣味盎然。灯泡象征着光明，树神代表着神秘力量，两者结合，呈现出一种难以言喻的美感。服装背部印有满文，汉字译意为"满族"。颜色选择上，以简洁的黑底白图案呈现，这两种颜色相互映衬，展现满族文化的质朴与纯粹。黑色给人以深邃之感，而白色则代表着纯洁无瑕。具体设计如图 2-40 所示。

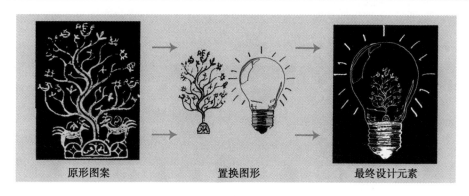

原形图案　　　　　　置换图形　　　　　　最终设计元素

图 2-40　树纹设计

2. 牡丹纹

该设计以满族传统服饰的印花元素为灵感，选取经典的蓝印花布上牡丹图案作为基础，采用创新手法将现代人物形象与古典牡丹图案互为替换，创造出兼具满族传统文化韵味与现代时尚气息的创意设计。图案由现代感十足的美女形象、牡丹花纹、叶子以及背景的十字纹理等元素构成，其中牡丹、叶子为主要设计要素。图中现代女性形象头顶牡丹，四周环绕的花叶如同飘扬的发丝，而由浅色十字纹理构成的环形背景则增添图案的层次感。色彩上，以蓝印花布的深蓝作为主色调，辅以浅蓝，形成近似色搭配，营造出一种古色古香的视觉感受。在蓝调的基础上，设计师巧妙地引入暖色调的红色，形成"绿叶映红"的鲜明对比效果。具体设计如图 2-41 所示。

3. 莲花纹

荷花，自古以来便是中国传统文化中高洁与纯净的象征，其"出淤泥而不染，濯清涟而不妖"的高尚品质，深深触动了无数文人墨客的心弦。在满族文化中，荷花更是以其独特的魅力，赢得满族女性的特别青睐。她们常将荷花的形象巧妙地绣制在旗袍之上，不仅作为装饰，更寄托了对美好生活的向往与追求。本设计正是深受这一文化现象的启发，旨在通过唯美的创作风格，重新诠释荷花在满族文化中的崇高地位，让这一传统元素在现代设计中焕发出新的生命力。

设计过程中，摒弃烦琐复杂的构图，转而追求一种简约而不失浪漫的艺术表达。图案的核心是一朵盛放的荷花，它静静地伫立于一个精致的瓷瓶之上，

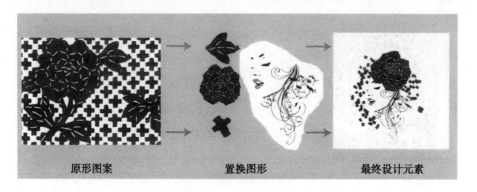

原形图案   置换图形   最终设计元素

图 2-41 牡丹纹设计

仿佛是从古代画卷中走出的一抹清雅。荷花的形态被细腻地勾勒，每一片花瓣
都蕴含着细腻的情感与生命力，与周围的景致相得益彰，共同营造出一种宁静
而深远的意境。这种设计不仅展现出荷花的自然之美，更透露出一种独特的审
美情趣，让人在欣赏之余，也能感受到满族文化中对自然与和谐的崇尚。

在色彩搭配上，精心选择蓝白两色作为主色调。蓝色，象征着广阔的天空
与深邃的海洋，给人以宁静与深远之感；白色，代表着纯洁与无瑕，与荷花的
品质不谋而合。这两种色彩的巧妙结合，不仅彰显出设计作品的清新脱俗，更
在视觉上形成了一种舒适的对比，使整幅图案更加生动而富有层次感。蓝白相
间的色调，如同夏日清晨的一缕微风，轻轻拂过心田，带来一丝丝凉爽与惬
意。此外，也注重设计的实用性与可穿性。在确保图案艺术性的同时，也考虑
到其在实际应用中的效果。具体设计如图 2-42 所示。

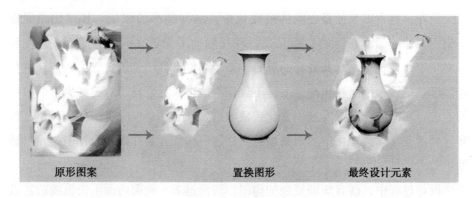

原形图案   置换图形   最终设计元素

图 2-42 莲花纹设计

第三章 满族传统服饰图案的
艺术特征

　　作为中国传统文化的重要组成部分，满族传统服饰可以称为是历史上的"活化石"。满族传统服饰在中国不断发展的历史征程中，在不同的历史阶段都呈现出独具少数民族特色和历史文化特色的审美语言和表现形式。可以说，满族传统服饰既是中国历史文化的积淀，更是满族人民智慧与创造力的结晶。图案存在于服装之上，属于服装的一种外化的表现手法，不仅如此，图案更是传递服装艺术性、设计感和设计师情感的方式或桥梁。对于满族传统服饰而言，其上的图案更具有历史韵味，甚至一些特殊服饰上的图案具有独特的象征意义，如地位、权力甚至阶级。满族是中国人数最多的少数民族，其在历史上建立了清王朝，也是中国最后一个封建王朝。清王朝在历史上的统治时间长达300年，而随着历史的发展与不断演进，在特殊的历史背景下满族也形成了独树一帜的服饰，拥有着鲜明的满族特色和多元化特点，可以说是清王朝历史标志的一部分，更是满族文化的实体符号。现代人们对于满族传统服饰的了解和认知大多来源于博物馆参观或观看影视剧。近年来，关于清朝的影视剧不计其数，随着影视剧的热播，满族传统服饰也跃然于人们的视野之中，形成了独特的记忆点。而人们对于满族传统服饰的记忆点是什么呢？颜色？样式？剪裁？还是图案？或许都有吧。满族传统服饰的图案受客观因素的影响，包括民风民俗、宗教信仰、民族生活和文化传统等。在潜移默化的影响下，满族传统服饰图案也会在一定程度上发生文化、自然和生活外显的改变。满族是一个狩猎民族，发展至今，其独特的民族文化从狩猎演变为萨满文化，也成了满族独有的且有明确历史渊源的文化形式，而满族传统服饰上均有体现。

　　细说满族传统服饰的图案可从服饰本身说起。服饰，是指穿着于人身之上的装饰性物品，所谓"衣食住行"中的"衣"就包含服饰。而服饰与衣服的关系属于包含与被包含的关系，服饰中包含衣服，而除衣服外，服饰中还包括耳环、项链、戒指等装饰性物品，与衣服和鞋裤配合穿搭。满族传统服饰在千年的历史发展中，可从样式和图案等多种元素上看出不同阶段的发展标志。较早期的满族传统服饰在设计上更多的是参考社会的真实生活，以自然环境为依托，在图案上也更多地能够体现出当时清王朝的真实生活与生产方式的样子，标识性更强，更具有辨识性。而随着历史的发展，满族入关成为其服饰图案发展的一大转折点。在入关后，满族传统服饰的图案设计因受到汉族文化的影响而发生改变，但是此种改变并非丢弃其原本的特色和表现形式，人们依然能够从图案上清楚辨识出何为满族传统服饰。在上述研究中，可以深刻了解到满族传统服饰上图案的来源主要为萨满文化，所以在图案的呈现上就会有一种扑面而来的"神秘"气息。

　　现代，从审美的角度看待满族传统服饰图案，可以清楚地感知到当时的满族人民仿佛更加崇尚自然和原生态，在对图案的构想与设计上也希望能够更多地展现美好的大自然和动植物，这在当时无疑是一种独特的审美情趣。从整体上看，满族传统服饰上的图案可以一眼让人看出或是狩猎，或是渔生，或是采集等。由于早期的满族人多以狩猎和打鱼为生，因此早期满族人从小便擅骑射，性情刚毅、身体强健，常被现代人称为"马背上的民族"。而这一生存特征和环境，也在极大程度上影响了满族人对于服装和服饰的需求。这种需求体现在图案上，即为满族人民对民族精神的信仰以及对自然环境的敬畏之情。通过这一特点可以看出，有些满族传统服饰在图案的设计上，经常在纹样中体现早期人们的观念和思想，希望能够将纯粹的满族生活和满族人民对美好生活的向往以及奋斗精神展现其中。因此，流传于现代的满族传统服饰或者现代所设计的满族传统服饰在一定程度上具有象征意义。其纹样大多呈现出一种吉祥如意、美满团圆的象征之意，"图必有意，意必吉祥"也成为满族传统服饰的文化内涵。

　　满族传统服饰上的图案大多依托于情感而创造，具有情感寄托和情感传递的作用，而这一特点也必定会使满族传统服饰图案在具有艺术性的同时带有一定的功利性。即，无论何种形式、符号或者意象，都会在一定程度上渗透出当下社会的文化心理内涵。艺术性与功利性并存使满族传统服饰图案的设计不再仅以呈现客观事实为目标，而更加能够融合主观心灵，结合客观事实来营造出一种超脱于意象的活动之感。例如，满族传统服饰上的图案以花样最为典型，包括牡丹花和长春花等，牡丹花被意为富贵的象征，长春花则被意为绵长的象征，牡丹花与长春花的结合可以传递出"富贵绵长"的情感与憧憬。这就是主观意象下所设计出的满族传统服饰图案，体现出满族人民对于福寿、富贵等美好的追求。这样的花样设计在满族传统服饰的图案中，无一不体现着满族人民积极向上的生活情趣和审美追求。

人类服饰本身即一种实用艺术，是一种物化形式。自服饰存在之时起，服饰就与其他形式的艺术和事物一同随着历史的发展洪流孕育、发展、转变与创新，其在艺术特征的表现上也逐渐从实用性转变为功利性，再发展到艺术审美性，而在艺术特征转变的过程中，各个特征也并非孤立，而是在不同的历史文化背景的熏陶之下相互渗透、相互影响，形成了服饰审美特征的艺术发展进程。最开始的实用性和逐渐发展衍生的功利性都是为了满足人类的生产、生活和社交需求，而在实用和功利都得到了满足之后，人们对于服饰的要求也就开始转变，逐渐朝着艺术审美的道路发展。而服饰图案是保留和传播民族传统文化的载体，有着丰富的文化内涵和历史韵味。在那个少有文字记载的年代，满族传统服饰和满族文化能够被保留下来，服饰图案功不可没。服饰上的图案就相当于史书上的文字，受不同历史阶段文化背景的影响，展现出独特的形象。具体而言，服饰图案是民族文化的综合载体，其在历史发展的洪流中承载着历史精神、民族精神和社会文化内涵与风尚。满族传统服饰图案与其他形式的文化形象相同，都并非独立、静止，而是始终随着时代的发展和社会的进步在发展、在变化，图案的设计也是包容的、丰富的。并且，在各民族交往发展过程中，满族传统服饰图案在内容、形式和设计体系上不断改变，不断创新。而随着满族传统服饰图案的发展与精进，更为古老的服饰图案随着服饰一同被作为历史时期或事件的标志，其中大多充斥着满族古老文化、民风和婚嫁旧俗等。随着满族传统服饰的发展，服饰图案也随之而改变，一些陋习和不被崇仰的旧俗被吸收，被各组文化所融合，形成了现代社会中满族文化式样的服饰图案。

在探索满族传统服饰图案发展的过程中，其艺术特征始终无法磨灭，甚至在服饰发展的过程中，图案的艺术特征形成了更加亮眼的鉴赏点。透过图案，我们仿佛可以看到当时满族各阶层的现实生活以及社会风气，犹如历史事件重现眼前。基于满族的渊源历史，对于满族传统服饰的图案艺术特征鉴赏可以追溯到先祖肃慎时期，彼时满族传统服饰图案的艺术特征与审美特质仅为初显，还未形成一定的规律，并且在图案的设计上也无定数，无框架约束。这一现象直到清代时期遇到了转折点，清代时期的服饰图案从"仅仅为图案"发展成了功利性图案，彼时的服饰图案的审美特征可以归结为审美与功利并存，并且在功利性环境和人文等因素的影响下，满族传统服饰图案的设计与形式逐渐形成了一定的规律。而从清代时期发展至现代，审美因素被作为满族传统服饰图案设计的首要考虑因素，意味着服饰因图案而具有观赏性、传承性和发展性。在此基础之上，现代满族传统服饰图案更加注重纹样和技艺，旨在彰显大国工艺的同时，希望能够通过精湛的工艺重现满族文化。因此，现代的满族传统服饰图案的艺术特征可以归总为审美意识和审美意趣并存。由此可见，满族传统服饰图案的艺术特征始终以审美为核心，同时受文化背景的影响而不断发生演变。

第一节　实用与审美结合

实用与审美的结合是满族传统服饰发展阶段的一个标志性艺术特征，形成这一艺术特征的时期是先祖肃慎时期。那时人们的需求以生存为主，多数人以打猎、捕鱼为生，这一生存需求造就了当时满族传统服饰的实用性特点，而最开始的服饰上并无特殊的图案要求，主要体现实用，如遮身蔽体、保暖、揣物等。早期的满族人民在狩猎过程中会收获貂皮、猪皮和猪毛等物品，这些物品因具有保暖性能也常被用于制作衣服，这也是最早满族人民创制服饰的原材料。因此，最早期的满族传统服饰多为皮帽、皮衣和毛皮披风等。此种类型的服饰在审美方面更多的是体现动物毛皮的本真之色，鲜少有在服饰上刻有花纹或图案的情况。因此，肃慎先祖时期满族传统服饰图案强调实用。

随着历史的发展，满族人民所处社会不断发展、进步，人们的生活水平有了显著提升，在保留原始狩猎的基础之上，还精进了生产生活方式，在服饰的审美特征上也逐渐从实用渗透出一定的审美功能。那时的满族先祖也因此而形成了审美意识。而从服饰审美的角度看，这一时期满族先祖会跟随自己的审美意识在服饰上镶装饰品，多为赤玉。在此基础上，对于服饰的要求从实用转变为美观，当时的人们还具有较为强烈的狩猎意识，相互之间的交流与欣赏主要是对狩猎能力的评判。因此，这一时期的人们在服饰上除了镶嵌赤玉，还会设计帽冠，在帽冠之上插入豹尾、猪牙和雉胃，象征着能力和地位。这一系列的服饰创作可能永久存在也可能暂时存在，需要根据人们对于实用和审美的需求而决定。由此可见，这一时期满族先祖对于服装及服饰的需求是以自身的内在需求为动机的。而所谓的"图案"更多的是作为"装饰"，以物为主，这种装饰大多就地取材，与生活、生产环境和大自然息息相关。

随着历史的演进，满族先祖所生活的环境随着社会的发展而改变。当时人们对于服饰的需求在保留实用功能的基础之上更加往审美方面靠拢。而这一时期的审美更多地体现为"精致"。在实用需求的驱动下，当时的服饰创制者在手工艺方面不断学习、实践与创新，逐渐形成了能够驾驭当时满族传统服饰创制需求的能力。而在审美作用层面上，这一时期人们对于服饰的美观和精致需求大多来自内心对于美的感受和追求。针对这一特征来源，可以将这一时期满族传统服饰的审美作用称为是当时人们的内在精神追求，是一种对美好事物和外在形象的理想和愿望。基于此，当时的服饰上出现了"图案"这一类的意象，而受传统狩猎文化的影响，图案的设计和色彩的运用上大多呈现出"自然法则"。分析马克思的哲学语言，即一切在人类的生产下所产生的事物，一开始就被赋予了"法则"相关，而所谓法则是在艺术设计领域的形式框架，通常体现在艺术的展现形式上。服饰图案的设计应遵循相应法则，而这种法则来源于需要，是对实用的需求和对美的需要。

满族传统服饰图案的设计和呈现也是最早期满族服饰呈现出审美意象的根

源。而这一审美意象造就了满族传统服饰审美功能的形成，从先祖时期一直延续到现代社会，无论时代文化如何发展，服饰的审美功能却始终未被摒弃。从原始时期到现代社会，千年的历史发展洪流中，满族服饰审美功能始终未间断。从服饰图案的角度看，为升级服饰的审美功能或者为满足更多元的服饰审美需求，在图案的设计上还随着社会的发展与手工艺的进步而不断创新。并且在每一次的历史发展转折点，受外界环境因素的影响，满族服饰图案的审美功能会出现一次创新高潮。而满族传统服饰的审美功能和审美特征在清代时期达到了鼎盛。清代时期是呈现满族传统服饰审美性的绝佳环境，当时会以服饰图案区分社会地位，如皇上的龙袍、官员的蟒袍、皇后和皇贵妃的明黄色立龙和行龙等服饰、贵妃和妃的祥云图案以及嫔妃及以下可能不带有花纹和图案的单色服饰等。不仅如此，清代时期还可以俯视图案来区分吉服和节日服饰，在吉服之上大多绣有龙凤双喜、福禄寿喜字样，在节日服饰上常带有暗纹和象征喜庆的花样。这些服饰图案不仅能够体现清代时期的等级制度，还能反映当时社会的审美观念。从清代时期的服饰图案可以看出当时满族传统服饰图案的美学特征，同时直至今日，这一艺术概念在中国现代服饰美学领域也留下了浓墨重彩的一笔。

细看图案，可以发现满族传统服饰上的图案虽为静态图案，但配合佩饰和款式，仿佛给人一种动静结合般的感受。例如，图案虽为站立的人，但是随着布料的展开和摆动，站立的人也仿佛变成了正在行走的人，每一展开都伴随行走，呈现出一种流动的线性艺术。静与动的结合也就组成了线的分明与变化。清代时期人民的服饰称为旗装，不仅有衣物，还包括头上的扇形旗头和足底的木底旗鞋，这一整套的旗装充分彰显了清代时期人们对于华贵气质的推崇。再结合清朝宫廷生活和文化环境的影响，对于皇帝、大臣和宫嫔的服饰都有着特殊的要求，希望其不仅能够体现出清朝的财力，也能够彰显出不同阶层的身份和地位。就清朝旗装的服饰图案而言，其所体现出的审美精神和文化的讨论如下：

如意云头纹在清朝服饰中的应用较为广泛，通常与镶滚结合，用于衣服轮廓装饰（见图3-1）。这种纹样尽管在清朝服饰中的应用较多，但却并非清朝原创。此种纹样呈现在服饰图案之上能够形成独特的视觉效果。在现代，如意云头纹的镶边一般在一些戏曲服饰和老式旗袍中还能看到遗存，而经过改造后，如意云头纹的图案设计也更加能够符合现代人的审美。

图 3-1　如意云头纹

海水江崖纹在满族传统服饰中多见于朝服、吉服和官服等"制服"（见图 3-2）。在清代时期，人们对于海水江崖纹的运用完全展示出了自己的风格。清代的海水江崖纹，在服饰中通常被作为独立纹样装饰的衣服下摆图案，具有较强的视觉存在感，并且图案在服饰上的占有面积也受统治阶级的喜好而越来越大，基本能够占到服饰的 1/3 左右。海水江崖纹在乾隆时期发展成型，而后逐渐形成了清中后期的服饰风格。

图 3-2　海水江崖纹

团寿纹同样也是清代时期服饰上的一种常见图案纹样（见图3-3），一般在清朝贵族中更为常见，此纹样寓意着吉祥和长寿。大多数的清朝贵族都因其寓意而对这种纹样颇为喜爱，常常在衣服的正面大面积绣有团寿纹，多以纹样堆砌的方式呈现，形成了独特的视觉效果。然而尽管如此，团寿纹也并非清朝达官显贵人士的专属，其还常用于寿衣和一些日常的服饰中，这些充分体现了清朝人们对于吉祥、长寿图案的重视与喜爱。

图3-3　团寿纹

  上述三种纹样并不能完全代表清代时期满族先祖的服饰图案，只是能够体现出通过不同的图案和纹样能够丰富服饰的视觉效果，同时各种类型的服饰图案还承载着丰富的文化内涵与象征意义。例如，海水江崖纹象征着清朝皇权的威严和国家疆土的辽阔、广袤；团寿纹象征着吉祥和长寿；如意云头纹则可在一定程度上为服饰增添一抹精致与优雅。这些典型的图案不仅展现出视觉效果，也更能体现出其所承载的文化意义与历史背景。

  后期满族传统服饰图案的发展以实用性为基础，在发展方向上不断拓展艺术审美发展之路。

一、破与立的标准化

满族对整个阶级的服制制度设立了规范，并为确保顺利实施还在设立规范的同时绘制了相应的样本，通过图像和文字对服饰制度的设立与实施情况进行记录。此举在一定程度上促进了满族传统服饰图案设计与生产制度的形成。整体阶级服饰制度设立的本质是旧制废除、新制成立的过程，同时使每个阶级都形成了固定的图案符号。这种符号的形成与历朝历代的符号性存在一定的差异性，是满族独有的符号特征，具有一定的实用功能性。在破与立中所确立的符号标准主要以各种纹样和符号进行体现，以呈现出满族传统服饰图像的象征性功能。在清代时期，满族的贵族阶级认为图案在服饰上的设计与体现可以区分出服饰的等级性，而带有等级性图案的服饰可以彰显出穿着者的身份和地位。清末时期，各阶级之间的差距逐渐减小，随着这种标准化制式和制度的出现，当时的整个社会结构也在发生改变。而打破当时社会结构的制式和制度也充分体现出满族传统服饰文化的更多可能性与文化内涵。所谓的破与立，既指社会结构，也指当时的服饰文化，而在破与立的考量中，后期满族服饰在图案的设计与体现上也呈现出一种文化的自主性。

二、加与减中的模块化

满族先祖的生活环境十分原始，生存与生产都存在极大限度的不确定性。当时的生活环境更多地呈现出气候多变，冷热相间。在这一环境中，满族先祖的服饰更加注重实用性，制式结构多为可拆卸、可组装的服饰。这一式样服饰的形成虽受实用性和功能性需求的驱使，但从艺术特征的角度看，这种可拆卸、可组装的服饰本质上是加与减的体现，是一种独特的服饰语言，能够在一定程度上展现出满族传统服饰的多元性。例如，当时的服饰可以分为"常服""行服"，其在结构上存在显著差异，两种服饰相互搭配与交替可在不同的环境与场合之下进行穿着，均呈现出较好的功用弹性和适用性。

在不同的环境和场合下，在实用性和功能性得以保障的前提下，如何对不同的服饰做出区分，纹样必定是其中的关键元素。纹样和颜色相较于材质和结构更加容易被人区分，因此通过分辨纹样和图案的颜色可以确定穿着者的身份、地位和能力。

三、扬与弃中的图案转译

纵观整个满族服饰的历史发展进程，推动其发展变化的主要方式为转译。在回顾历史的过程中可以清楚了解到，环境是在不断变化的，自然环境中催生出人类的信仰，而在信仰与自然环境的共同作用下，会在一定程度上推动民族文化的转化与提取。在时代的不断更替中，万事万物都在积极适应当下的发展，而从自然环境、历史环境和信仰中如何能够提取出适用于本民族的设计元素，是满足传统服饰图案设计所主要考虑的问题。针对这一问题所提出的解决办法本质上是对原本冗杂的落后形式的舍弃，对新表现形式的包容与接纳。

在清代，随着"剃发易服"政策的推出，颁布了男从女不从的政令。在这一政令的影响下，当时的清代女性服饰受到一定影响，在设计与呈现方式上存在满族文化与汉族文化并存的情况。在回顾历史的过程中可以发现，汉族女性当时的服饰以宽衣大袖为主，鞋子多为寸子鞋，对于女性有着裹小脚的传统束缚。而观察清代后期的图片可以发现，在留存的女性头像中，有一位有齐头的满族妇女，身着宽衣大袖的旗袍，脚着寸子鞋，这一人物形象在极大限度上体现出当时满族文化与汉族文化的融合，并且图片中的旗袍也体现出当时满族文化对西方先进文化一定程度的吸收。而这一演变也为后续解放女性奠定了坚实基础。满族服饰对这种多民族多形式文化的相互融合并非照本宣科、生搬硬套，而是结合本族文化特点和服饰文明进行了改造与创新，给人一种自然演变的规律，是对陈旧装饰风格的一种打破与重新创建，强调以自然为主题，从自然环境中提取植物形态制成服饰纹样。在此情况下，满族宫廷服饰的纹样与装饰体现出这样的特点。

配合图案看，满族传统服饰自清代时期起就给人一种厚重和沉闷之感，受当时满族文化、等级制度和时代审美的影响。服饰设计往往更加注重保暖和实用，而在图案的设计上更加突出颜色所代表的等级差异。满族传统服饰图案在设计和工艺虽并不完全符合现代审美，但却真实反映出清朝的服饰文化价值，具有深入研究的价值。

回望历史可以发现，将目光聚焦于清朝中后期的服饰（见图 3-4），多数人在第一眼看到服饰时，面对大面积的湖蓝色背景会产生一种厚重、深沉的冲击之感。然而，这种色彩的选择并非随意而为之，而是深深根植于当时那个时代的文化土壤之中。湖蓝色被作为皇家御用的色彩之一，象征着清代时期皇权的威严与庄重，同时反映出当时社会对秩序和地位稳定的渴望。细看之下，服饰上还伴随精美刺绣工艺下的花卉和动物图案，在其中巧妙融入一丝细腻与华丽，充分体现出当时清朝宫廷服饰制作工艺的精湛与匠人精神的卓越。这样的服饰不仅能够彰显穿戴者的身份地位，更象征着那个封建社会审美观念和文化精神，让人不禁在赞叹服饰的外在美的同时也沉醉于那份穿越时空而来的历史韵味。对这件服饰的评价，我们是站在当代审美的角度和立场上所得出的，这是一种以现代视角对过去风尚的评价，带有一定的主观性。然而，要想真正理解满族传统服饰和图案的艺术特征，还需要置身于历史环境之中，深刻感受封建时代和社会文化精神的渗透，以历史资料为基础，对满族传统服饰图案艺术进行充分探讨。

图 3-4　湖蓝底色清朝服饰

满族传统服饰图案受当时社会等级制度的影响，在颜色和纹样的选择上具有一定的约束性，而这与当时的时代背景和社会风气有关。在清朝，森严的等级制度约束着服饰颜色和纹样的选择，不同的颜色和纹样对应着不同的官职，象征着不同的社会地位。皇室成员和上朝的高级官员通常在衣服颜色的选择上更加偏向于深色以示尊贵，后宫妃嫔和福晋等有权力和地位的清朝女性在衣服颜色的选择上则更加偏向于鲜艳颜色。而相比之下，普通白色在衣服颜色的选择上较少，多为素色、纯色衣物。当时社会可以根据衣服的颜色来区分穿戴者的社会地位。而从纹样或图案上看，清朝服饰上的纹样或图案的设计与呈现方式很大程度上受到时代审美的影响，同时，配合清朝工匠高超的工艺，不仅能够体现出当时清朝重工艺的态度，也能展现出当时社会的审美倾向。当代社会中所流传的满族传统服饰以宫廷服饰居多，而宫廷服饰上的图案或纹样以刺绣工艺为主，这些图案或纹样往往寓意深远。例如，"龙凤呈祥"图案象征着皇权的至高无上、"祥云瑞鹤"寓意着吉祥如意。这些精美的刺绣图案不仅能够充分展示满族传统服饰的艺术魅力，也能反映当时社会环境下人们对于吉祥和美好生活的渴望与向往。不仅如此，满族传统服饰的图案和纹样因其精美的制作工艺而流传至今，也为当代研究满族传统服饰图案提供了丰富的历史资料，可供清朝历史、文化发展和艺术审美等多领域的研究。随着时代的发展，中国对优秀传统文化高度重视，强调应借助当代社会的时代优势、技术优势和创新手段，进一步传承与发展优秀传统文化，使其在当代社会的发展中焕发新活力。目前，我们在各大博物馆中的清朝历史板块都能够观赏到满族传统服饰，感受服饰图案所传达出的情感和寓意。

第二节　彰显民族特征符号象征意义

最早通过图案符号彰显民族特征的服饰出现在金代。后期的民族特征是指清代达到鼎盛，并且在民国时期发生转型，民国后期衰落，发展到 20 世纪末重拾符号象征特征的这一过程。这一时期的满族传统服饰的设计与体现，充分满足实用功能和审美功能的需求，并且无论是在人体装饰还是在外部装饰品上都可以充分表现出穿着者或佩戴者的社会内部的社会地位、社会阶层、职业和性别等。然而，衣着和服饰本身并无特殊的表现意义，其所表现出的民族特征或阶级特征是人为赋予的。在清代那个充满阶级意识和封建民俗的社会里，人们在选择服饰的过程中，并不仅以美为核心追求，反而会希望通过服饰和衣着来体现出自己的阶级观念和独特的审美意识。从不同的社会阶层上看，皇帝头上会佩戴象征权力和地位的冠饰，王公大臣也会身着符合身份地位的官服和朝袍，与其他阶层的人们区别开来。而这些象征着高贵地位的服饰图案和配饰，就是其所彰显出的民族特征。在当时的阶级社会中，这些配饰和图案能够得到所有人的认可，即服饰是社会角色和身份的象征，服饰代表着等级的不同和社会分工的不同。这一特征提示了清代时期社会分工的复杂化以及等级身份的严格化。这一社会发展形势下所形成的产物在一定程度上是旧社会封建思想的体现。除了配饰，服装的颜色，图案和材质也都可以成为等级的标志，并且皇室和达官显贵可以根据自己的身份对服饰进行选择，包括颜色、材质等。例如，金黄色的衣服代表皇室家族；紫色衣服代表达官贵人；灰色衣服或蓝色衣服是平民百姓中的常见服饰。

符号不仅是时代发展和社会发展的标志，更是人们日常生活、生产与活动的标志。人们的衣食住行都可以用符号进行记录，而人们对于符号的运用也导致了符号能力的产生。从艺术性的角度看，服饰与语言一样，都可以被看作一种符号。整个服装系统都归属于文化领域，而文化领域属于语言中的一种，其中所体现出的文化结构和语言结构一样，都是由符号所组成。为便于理解，可以将符号理解成一种无声的语言，而这种语言在潜移默化中参与了人与人之间的交往以及文化的互动交流，甚至在一定程度上促进了人际关系的协调。最开始服饰概念的产生也被赋予了以符号为媒介的特征。无论在古代还是在现代，无论是汉族还是少数民族，本质上都存在于符号这一框架内，因此，符号可以用来记录人类的物质文明与精神文明。不同民族的服饰也可以理解为是带有不同特征的符号，而且不同符号间受文化互动交流的影响，形成一体化的符号系统。这一符号系统中的各模块会随着历史的发展和社会的进步而逐渐积淀延续，从而发生转换，参与到人类文化生活当中，以各种形式存在，包括历史、语言、宗教、艺术、科学和神话等。

不同民族服饰的形成本质上是艺术的生成，与这一民族的精神内核及民族文化息息相关。而民族服饰的形成既是一种功能符号，也是一种彰显民族艺术的符号。这一符号能够指出当时社会环境下人们所处的社会地位和阶层。这一概念的体现，仅存在于制度建立和政权建立的社会发展时期内，对于以狩猎为生的原始社会而言，并不会被体现出来。当时人们所穿着的服饰作用通常会区分社会地位的高低以及能力的强大与否。

满族服饰在千年来的历史发展过程中，以其独特的社会环境和民族文化形式形成了独树一帜的满族服饰艺术文化体系。而这一体系的形成主要来源于民族的自我意识。在历史上，清朝统治中国长达268年，在这期间，满族的民族自我意识快速形成。清朝的贵族统治者首先确立了服饰的阶级制度，以典章为基础，形成了强化民族自我意识的关键途径。自1644年清朝统治者入关以后，强制执行衣冠的制度生成并建立。这一时期的社会要求本民族的服饰穿着统一，并要求其贯穿于统治区域内的所有少数民族。这一历史事件是我国封建社会中的标志性事件，这一时期是民族自我意识强盛的鼎盛时期。虽然该制度在执行过程中表现出明显的手段过激，但不可否认的是，经过这一时期，满族的服饰文化得到了迅猛发展，在历史上大踏步地前进。服饰文化的发展必然带动服饰内涵的丰富，在服饰的设计上以及艺术审美的体现上，更加能够融合高水平的文化，促使满族服饰所体现出的文化层次达到更高水平。从金代时期到大清王朝这一关键阶段，满族先祖在服饰的发展与变化上，极大限度地保留了民族文化特征。而随着时代的发展，民国时期的到来，满族服饰更加呈现出制度化标准。服饰上所存在的图案更多是象征着官阶。通过服饰图案分析当时满族服饰的文化表征可能存在两层意义：第一，促使人的自然形体向文化层面所转变，将人分为高级和低级两个阶段；第二，通过服饰图案将不同等级的人和地区区分开来。这两层意义在当时决定了满族服饰所表现出的艺术特征集中于区分性，而在一定程度上忽略了服饰的统一性。

一、象形符号的表征之美

满族传统服饰上常见的图案结构为象形结构。例如，清朝后宫之中妃嫔所着的吉服、朝服或常服都或多或少在肩部的结构设计上融入了龙凤等传统的象形图案，配合肩部服饰的马鞍结构，与马蹄袖的配合相得益彰。这种图案与服饰外形的"象形"结合，体现出清代时期宫廷服饰对于拼接艺术的重视程度，同时体现出清宫后妃服饰图案的独特艺术特征。

所谓象形符号，本质上是以自然界为基础，从自然环境中提取图案的服饰的创制灵感，吸取自然界中万事万物的特征和表象，结合服饰形制的特点和工艺加以创作，从而有了象形的概括。除了后妃朝服分肩部马鞍结构和龙凤图案，还有脚上的马蹄底结构和花盆底鞋，指在鞋底的中央部分嵌有高高的木质高跟，形似马蹄，这种设计在当时的清朝后宫一度引领了时尚审美。在此基础上，鞋子上还设计有多种纹样和图案，也大多取自自然界的动物和花卉。在花卉方面，以莲花、梅花和菊花居多；在动物方面，以蝴蝶和蝙蝠居多。这种对自然界动物、植物和花卉的运用，本质上能够体现出清朝人民对美好生活的向往与追求。同时，这些象形的艺术符号不仅体现了满族传统服饰图案设计与创作方面丰富的想象力和艺术表现力，还深刻体现了人与自然和谐共生的理念。

二、图案构成形式彰显民族特征

满族服饰图案的发展过程大体可分为三个时期或阶段，以入关为分界线，入关前为第一阶段，彼时的服饰图案设计来源以萨满宗教为基础；第二阶段为清代初期，其图案的构成形式融合的汉文化原色，出现了不少满汉融合的纹饰；第三阶段是清朝中晚期往后，其图案的设计和展现风格并不局限于民族融合，还受到西方外来文化的影响，在图案上存在一定的欧洲装饰风格，颇具中西合璧的发展态势，这一时期满族服饰图案可参考欧洲洛可可风格和式样。但无论民族文化还是西方文化的影响，满族传统服饰的图案风格始终未脱离主次分明和色彩鲜明的特点，通常呈现为"主图案+多种副图案"的样式，同时配合底纹。底纹多为云纹、几何图形和花卉。

1. 单独纹样呈现均衡与对称特征

单独纹样一般在满族传统服饰上以主图的形式存在，以动物类和花卉类居多，具有造型和色彩多变的特点。以单独纹样作主图通常在衣服上会呈现出左右对称或上下对称的视觉效果。图3-5所示为光绪帝所穿龙袍，这种左右对称式的纹样排布使得整体造型自然流畅又整齐划一。并且这种对称的纹样以海水江崖纹为主，在下摆处的应用得当，配合龙袍的威严庄重整体，呈现出一种和谐之美。

图 3-5　龙袍下摆处的"海水江崖纹"

2. 变化丰富的复合纹样

满族传统服饰图案中的适合纹样主要体现在样式的丰富之上,当时清代时期很多的王公贵族和文武百官在服饰图案的选择上更加青睐于这种纹样形式。这种纹样形式在服饰上能够根据不同的适合形式给人以不同的视觉感受。回顾历史可以发现,满族传统服饰之上变化丰富的适合纹样可分为对称式、旋转式、中心式和放射式四种。

(1) 对称式。此种排布方式大多呈现出左右对称或上下对称,能够给人一种直观稳重的感受。这一类型的纹样特点为相互对称的两部分内容完全相同,排列整齐,间距得当。对称式纹样通常会出现在服饰的边缘处或者鞋帽之上,以动物纹样和花卉纹样居多,在满族传统服饰上的应用可起到辅助装饰的作用。

(2) 旋转式。旋转式纹样以圆形为基础,以圆心为旋转点。如图 3-6 所示,八团龙凤纹被当时的满族人称为"喜相逢"式图案,将其绣制在衣服前后的中心位置能够起到视觉平衡的作用。在旋转式的图案上,常见动物和花卉图案,如龙凤、蝴蝶、兰草和牡丹等。

图 3-6　八团龙凤纹

（3）中心式。中心式纹样更加突出主图的中心位置，如图 3-7 所示，此为清朝文官服饰的补子图案，图中的仙鹤位于中心处，周围的花卉和水纹等图案均为主图仙鹤的辅助图案，此种纹样更加能够衬托出主图的存在感。此种类型纹样的主图以动物图案居多，副图多为花卉和草木，其中常用的动物图案为麒麟、虎、熊、仙鹤、锦鸡和孔雀等，寓意美好。

图 3-7　清朝文官服饰的补子图

（4）放射式。放射式纹样在满族传统服饰上多以植物图案为主图，排布形式以主图为中心向四周延伸。放射性纹样中有一代表性作品，为满族传统团花放射纹样，如图 3-8 所示，其设计灵感来源于自然界中的花朵，象征着繁荣和生命力。这种纹样不仅美观，而且富有深意，常用于表现满族服饰的尊贵与华丽。

图 3-8　团花放射纹样

第三节 多元一体和文化自觉融合

一、满族传统服饰图案的多元一体

图案属于满族传统服饰中装饰语言的一大主要元素，能够在极大限度上体现出服饰语言艺术的审美性和艺术价值。满族传统服饰的发展随着历史的发展和朝代的更替，历经了多个朝代，不同朝代所呈现出的服饰图案都具有一定的特色，这也是满族传统服饰图案形成多元属性的主要原因之一。对于满族传统服饰图案的多元一体，可将其理解为服饰图案是一种拼接艺术。拼接艺术体现在三个方面：

第一，材料拼接的整体性。满族传统服饰关于材料的拼接体现出一定的整体性。这一特征可以追溯到满族根源，即满族早期服饰的出现。最早期满族人民使用狩猎得来的毛皮创制服饰，一块一块拼接而成，通常一件衣服上还会有不同动物的毛皮。这一特征的体现可以参考赫哲族服饰，赫哲族与满族相邻，其在传统服饰的制作上也是参考满族的制作材料和拼接方法，直至现在还有关于赫哲族用鱼皮拼接服饰的工艺和缝制技术。

第二，缘饰特征的整体性。无论何种服饰都离不开缘饰的保护与装饰，缘饰的存在就是对服制的一种色彩保护。缘饰的装饰性和多样性在一定程度上为服饰的整体色彩增添了多元艺术性。而满族传统服装上对于缘饰的应用也标志着满族传统服饰从功能性向艺术审美性的转变，甚至当时的满族服饰呈现出一定的装饰主义特征。缘饰的应用多以组合的形式呈现，其独特性和拼接整体性体现在色彩的搭配上。

第三，图案拼接的整体性。图案拼接形成纹样，纹样经艺术合成为画面。而画面要求在视觉上和谐统一的同时蕴含深厚的文化内涵和审美意趣。拼接时需注意精准考量色彩的搭配、线条流畅及图案间的呼应关系，以确保最终作品既富有艺术美感，又能够深刻传达设计者的情感和创意理念。

从清代女装的缘饰上看满族传统服饰的多元统一性。清代女装的缘饰审美特征独特，其审美文化也彰显了时代优势。并且，随着历史的发展和社会环境的变化，当时的清代女装缘饰的艺术性和审美性也在发生着多元的变化。前期的清朝女装更加重视行动的轻便，在缘饰上并没有过多的注意和设计，在实用与审美上更加侧重于实用。随着时代的发展，后期清代女装的设计开始越发重视纹饰的设计，希望能够在服饰上彰显出华贵。而这一时期，是满族传统服饰缘饰艺术发展的鼎盛时期，在缘饰的艺术精致性上达到了一个高峰。从后期开始，清代女装的艺术性和审美性越发彰显。这一社会现实的变革，充分体现了时代审美的变迁，是一个时代对于服饰美学的观念，同时是当时社会经济和文化发展的体现。受当时封建思想和社会风气的影响，女性强调保守和低调，女装注重包裹性和隐秘性。因此，在服饰上并无特殊的图案点缀，多见素色服饰，并且配合宽大的袖子和衣摆，能够很好地隐藏女子身形，整体表现出一种朴实无华的特征，带给人一种古色古香的氛围。而要说装饰，也仅是在领口处和袖口处有一些短流苏的设计，但在颜色的选择上与整体服饰的颜色相得益彰，并无明显突兀之感。即便是在流苏的装饰下，早期清代女装的服饰也表现出一种粗糙之感。而这一特征在清代初期维持了一段时间，直到入关后才开始改变。

入关后，可用作服饰创制的材料和样式逐渐多了起来。这一时期内，满族服饰不再一味追求实用性，开始有了一定的审美意识，人们开始在其中注入一些审美观念与情感感受。尽管如此，保守、朴素的社会风气仍未被完全舍弃，在衣服的装饰上也较为小巧、精致，通常在衣服袖口、领口和下摆边缘处做图案装饰的情况居多。而这属于入关后具有鲜明特点的满族传统服饰缘饰特征。因材料和颜色的不同，这一时期的缘饰体现出一定的拼接性，所形成的图案也丰富多样，为当时的人们在服饰上提供了更多的选择，也能在更大程度上满足清代女性的审美需求，既是服饰图案的创新，又是满族传统服饰创制的一大突破。拼接艺术在服饰图案上也有所体现，即图案的多样性。而多样化图案在服饰上的拼接设计与应用，在一定程度上可为缘饰艺术增光添彩。总而言之，材料的多样性、图案的拼接性和颜色的多样性造就了满族传统服饰多元化的审美意蕴。

清代后期，满族服饰的创制又有了新突破，在材料、样式、颜色和图案等多方面都呈现出层层相套的特征。以缘饰为脉络，从服饰的形制上看，这一时期的服饰主要由氅衣和袍服两层组成，为缘饰提供了更多的创作空间。并且"氅衣+袍服"的服制整体给人一种端庄和沉稳的感觉。针对这一特征，清代后期的服饰图案大多呈现出一种繁复且精细的风格，而且这一时期内，一些达官显贵和官宦人家在服饰的图案的设计和制作工艺上更加考究。清代后期被广泛应用的图案包括龙凤呈祥纹、云水纹和花卉鸟兽等，并且配合图案在颜色的选用上更为讲究，既能够体现出皇家世族的尊贵与威严，又蕴含着当时社会背景之下的深厚文化底蕴和吉祥寓意，使整个服饰更加华丽、庄重，充分彰显了清代后期服饰图案的独特魅力。这一时期，服饰上的图案大多体现在袖口处、领口处和衣服下摆处，皇家服饰还会在衣服的正襟处纹有象征皇家尊贵的图案。从整体上看，图案和纹样的应用与身份、地位都呈现出一种相得益彰的感受。而从拼接艺术的角度看，清代后期服饰图案，其拼接艺术的存在使原来的服饰图案发生了改变，例如，原本袖口为马蹄袖，而随着服饰创制材料和色彩的多样化，马蹄袖被改为白色大挽袖，而随之改变的是袖口处的图案和纹样。这种材料和样式上的改变也为清代后期的服饰创制者和图案、纹样设计者提供了更多的思路。

发展至清末时期，受民族文化融合的影响，当时满族的服饰大多与汉族服饰相似，如果从服制和颜色上看，很难做出正确区分，而从图案上看，满族服饰还是与汉族服饰存在一定的差异。体现在：满族服饰的图案在设计上更加注重细节和寓意，较为常用的是象征吉祥、如意和财禄寿喜的花卉和动物等图案，如蝙蝠（寓意"福"）、寿桃（寓意"健康长寿"）、牡丹（寓意"富贵"）等。在这些图案的运用上，通常会用金线绣制，偶尔还会掺杂彩丝编制，整体呈现出色彩鲜艳、明亮且富有层次感的设计思想，能够展现出满族风情和独特的审美趣味。汉族服饰图案在设计与展现上与满族服饰存在较明显的差别。汉族服饰图案的设计来源多为自然风光和历史故事，在各元素的运用上也希望能够通过流畅的线条和淡雅的颜色营造出适宜的意境。满族和汉族的服饰图案受民族文化融合的影响，在材料、服制和颜色上大多趋于同质，但在图案上却保留了一定差异，而这种差异也如文化印记一般，仿佛在时代的发展过程中默默诉说着"来时路"。

二、满族传统服饰图案的文化自觉融合

"文化自觉融合"的发展历程可以从入关后说起。入关后的清代服饰图案

无论在样式、颜色还是在缘饰设计上都属于鼎盛时期，一直发展到民国时期才得以转型，转型后的服饰图案一直延续、发展、创新、融合至现当代。从清代中期开始至以后，满族服饰图案在设计及展现上更加倾向于民俗风格，而这一风格的出现也标志着中华传统民族文化的发展进入了新的历史阶段，同时预示了中华民族历史服装发展的必然趋势。在与民俗文化融合的过程中，不仅有满族文化，还有汉族文化，而此种融合趋势却并非将满族文化完全剔除，而是将各民族的民俗文化最大限度保留的同时，通过创新设计展现独属于文化自觉融合下民族服饰的新特点。

如果仅将一个民族的形成作为民族文化诞生的标准似乎太过僵化，并且一个民族的形成或者一个民族是否存在作为衡量民族文化发展及特征的标准也无依据。一个民族的文化发展是在交流中所产生的，而满族文化的发展是在清代中期以后与汉族文化互动交流下所产生的。分析满族文化的发展可将先祖文化作为基础，在发生发展过程中，对其他民族优秀文化的吸取就是对本族文化发展的一种有力促进。而先祖文化在对他族文化取其精华、去其糟粕的同时，也促使本族文化体系的进一步完善，这一过程也是一个民族在文化互动过程中价值取向的确立。在《论人类学与文化自觉》一书中，费孝通曾提到：既然我们要读懂中华民族自己的文化，并且能够将自己的文化与西方文化进行对比，就要全身心投入历史研究中，在历史研究领域中下足功夫，对前人的研究成果与核心观点不断研磨，对其成就予以继承。要在钻研中做到对中国文化的深入理解，要将中国文化中有传承与发展价值的文化应用到现实中。同时，要与西方世界和西方文化保持密切接触与交流，此为发扬中国文化的必经之路。将中国文化中有价值的内容讲清楚、讲明白，是将中国文化转为世界性文化的前提与基础。中国文化走出国门，本质上是保留本土化的同时转为全球化，应将目光放长远，关注世界的潮流变化与文化发展。

在文化发展的过程中，我们要积极承认中国文化中优秀的部分，并且要对优秀文化利用现代手段予以验证，让历史重现，即"文化自觉"。文化自觉是每一个中国人都应当觉醒的意识，而文化自觉融合即在拥有文化自觉的基础上对其他国家、其他人的文化进行全面了解和认识，学会接受并正确处理不同文化接触中产生的问题。

从文化自觉融合的角度看满族传统服饰图案的发展过程，可以将其理解为是一个多元与一体化相结合的过程。这里的多元指满族传统服饰图案的形成与发展，既包含了对前朝优秀文化的整合，也是对自身文化体系的一种丰富与完善，而在文化的互动交流过程中实现了文化融合的过程。在这一发展阶段，一些极具满族文化服饰图案也得以形成。例如，龙袍上的龙纹图案以及龙袍佩饰上的暗八仙和八吉祥图案等，都是较为典型的满族特色服饰图案，象征一个民族的兴盛，同时彰显一个朝代统治者的地位和权力。

一个民族要想在世界文化的舞台上保持自身独特的魅力与活力，则必须在尊重自身文化传统的基础上积极拥抱世界各国的多元文化，积极与之进行文化互动交流与融合。满族传统服饰图案的发展正是这一理念的生动体现。在历史的长河之中，满族不仅吸收了汉族、蒙古族等民族的服饰图案文化，更将这些元素与本民族的文化特色相结合，创造出独具特色的服饰图案艺术。这种结合，不仅丰富了满族服饰的文化内涵，也使其在世界服饰文化的舞台之上独树一帜，有着更加广阔的展示空间。这提示我们，文化的传承与发展并非独立，而需要人为推动，在与其他文化的交流与碰撞中不断得到丰富与升华。因此，一个民族要想在未来的发展过程中始终保持持久的生命力，则必须坚持文化自觉，勇于吸收和借鉴其他民族的优秀文化成果，同时不断挖掘和弘扬本民族的文化精髓，以实现文化的多元共生与繁荣发展。

上文多次提及满族传统服饰图案文化的发展受到多民族文化的影响，对此，本书将细说其他民族文化，探究其在满族传统服饰图案发展过程中所起到的具体作用，旨在细化分析各民族文化交流与引导下满族服饰图案文化的发展，本质上是对"文化自觉融合"的一种验证。

在满族的发展过程中，汉族、蒙古族和契丹族都与之有过文化接触与交流，对满族服饰图案的文化与语言特征存在一定的影响。蒙古族和契丹族从地理位置上看与满族更为接近，而蒙古族和契丹族又被称为兄弟民族，在民族成立后便建立了政权，并且这两个民族在生产方式、生活方式和生活环境上存在一定的相似风格。而满族因与蒙古族和契丹族相邻，使其在服饰特征上存在共性特征。但即便在两个民族的影响下，满族也未将本身的民族文化元素摈弃，而是在吸纳、融合的过程中形成了独属于满族的服饰文化风格。而随着时代的发展，清代时期的到来，统治者颁布了"剃发易服"的政令，该政令对满族人民服饰的发展造成了一定的影响，导致一些满族民俗遭到了破坏，但在这一过程中，部分汉民族文化和服饰特征被保留下来。因此，清代时期"剃发易服"政令颁布后，满族服饰文化的存在感就稍弱于汉民族服饰文化，而服饰图案也亦复如此。这一阶段，汉民族服饰文化和图案审美对满族服饰文化和图案审美的影响巨大。

1. 汉文化

汉文化也称汉民族文化，汉民族的服饰文化历史悠久，在服饰图案的设计上具有更深层的审美概念与经验。根据《魏台访议》的有关记载，汉民族的服饰文化起源可以追溯到黄帝时期，最开始的服制为"去皮服"。针对"去皮服"还有一个典故：相传黄帝时期，黄帝的妃子名为嫘祖，其在日复一日的生产生活中发现了养蚕技术，并且嫘祖将这一技术口授推广开来。随着这项技术的流传与应用，蚕丝在服饰制作方面的功能性也逐渐被开发。沿着历史的发展脉络，自公元前 2070 年起，夏朝建立。夏朝建立标志着社会等级的出现，而随着商朝和西周的建立与发展，在逐渐丰富与完善的社会等级制度下，服饰制度逐渐得到发展与完善。服饰制度从形成、建立、发展直到完善，历经相当长的时间，其间也经历了几个朝代的建立、覆灭和更替。最初服饰文明发展较为理想的区域为"东夷"，而随着时代的更迭，社会的发展，中原地区的服饰文化已经远超"东夷"地区。正是因为中原地区有了相对完善的服饰文明，才有了悠久的汉民族文化。而满族服饰文化正是在不断汲取汉文化的过程中逐渐成长、发展起来的。

例如，在西周时期，官定服饰制度在建立后迅速成长，并且为维持这一制度的良好稳定运行，西周统治者还专门设立了官职负责对该制度的实施与监管。由此可见，当时的统治阶级对服饰文明的重视程度。在服饰图案方面，早在西周和隋代时期，帝王的服制就已经通过图案进行区分。例如，西周时期的帝王礼服就绣有专属的十二纹章；隋代时期将十二纹章分为八章衣、四章裳，并将日月分裂两肩，形成了独特的服饰语言，即"肩挑日月，背负星辰"。而清代时期正是借鉴这一古制并延续，将其与满族服饰的结构和特质相融合，形成了汉文化影响下的满族独特的服饰图案艺术特征。不仅如此，当时的满族传统服饰图案在上述样式的基础上进行了融合与创新，结合封建时期的阶级意识，以不同图案为文化和等级意义的象征。例如，专属于帝王的龙凤呈祥图，象征着帝王至高无上的权力与尊贵；专用于贵族阶层的麒麟纹和云水纹等，寓意着吉祥和高雅。在图案的颜色选用上同样有着严格规定，如黄色被视为皇权的象征，红色被视为地位与威严的象征等。在此基础之上，服饰上还会带有佩饰，如玉佩和冕旒等，不仅装饰华美，更是清代时期身份与地位的直观体现，而每一件佩饰的材质、大小和数量以及佩戴方式与位置都需要严格遵循礼制，不得僭越。

2. 蒙古与契丹文化

蒙古族文化对满族文化也有着深远的影响。蒙古族和满族一样都属于马背上的民族，族人的生活习性与生活环境也十分相似。并且在民族融合与文化交流过程中，在清朝后宫中有不少蒙古族妃嫔，这些妃嫔的存在也给清代时期的服饰文化带来一定的影响。从女真时说起，那时的社会在服饰文明上呈现出匮乏的现象，一些相对华丽的服饰需要依靠权力和交易来获得。随着时代的发展，女真时期确立了政权，针对当时服饰形制杂乱无章的问题，也在积极寻找可渐进之法，来实现服饰的合理分配。但从实际情况看，满族传统服饰的形成，如马蹄袖和披肩领等服制的出现也是以当时的时间节点和社会环境为基础，吸纳蒙古族的服饰语言而制成。

除了蒙古族与满族传统服饰图案之间的关联性，契丹族也对满族传统服饰图案的创制产生一定的影响。历史上"春山""秋水"的民族活动也是在契丹族的辽国时期所形成的独特民俗活动，在某种程度上是对契丹族传统民俗文化的一种借鉴与发展。

第四节　继承与吸收、创新与发展的复兴

在当代社会中，满族服饰虽为传统服饰，但其在文化发展上并未停止脚步。随着历史的发展和社会的进步，中国的民族文化始终在不断前进。而随着

创新意识和科技手段的到来，满族服饰文化的发展越发多彩。满族服饰文化的这一发展时期主要集中在20世纪末至今。从这一时期看，随着历史的发展与变迁，文化一直在改变，若将文化赋予生命，可以发现文化的生命能够充分体现出时代发展与进步背景下服饰风格及创新意识的改变。从20世纪末开始，满族服饰的变化说明，无论在现代还是古代，任何文化都有可能会被社会吸纳，但同时也有可能在社会文化中有所融入。

2002年的APEC会议上，各国国家首脑齐聚一堂。观察各国国家首脑出席的服装，可以发现，当代的唐装正是由满族的马褂演变而来。而这说明随着时代和社会的发展，满族文化，正如中华优秀传统文化一般，随着时代的洪流与当代社会文化发生碰撞，形成了文化交流与融合。而当代唐装的存在也恰恰证明了满族马褂的存在，无疑是马褂在当代社会所留下的文化痕迹。不仅如此，在现代社会的艺术创作领域中，唐装仍然是服饰创新的来源与基础，还在随着社会的发展而不断改变。从满足传统服饰所存在于的封建社会看，当时的社会面貌无疑是封建的，而随着时代的发展，朝代覆灭、崛起、创建，形成了一个又一个新的历史朝代，而民族交往与生产发展也在不同的历史朝代和文化背景下实现了发展与改变。并且在政治因素和经济因素的共同影响下，不同历史阶段下的民族交往与生产发展会呈现出不同的历史特点。满族服饰文化的形成本质上是对先世女真族服饰的一种文化继承，而某些服饰特征是对明代服饰特点的一种融合与创新。这种融合与创新充分体现了服饰文化的继承性特点，而继承性特点在世代流传的过程中无疑形成了一种文化现象，进一步促进了其在传承与发展过程中的稳定性。这种文化现象具有合理性和科学性，也使其在世代相传的过程中被广泛承认。从服饰本身看，满族服饰在传承特征方面十分明显，即便在现代社会，一些服饰在样式和材料上发生了改变，但我们仍然可以从中找到一些传承下来的满族文化特点，这些特点共同组成了当代社会对满族文化的继承与发展脉络。

服饰图案的存在是文化在社会与时代的发展过程中所形成的产物。由于每一时代的人所生活的环境都具有一定的特异性，也造就了历史文化的形成，而当代社会以满族服饰图案文化为基础加以创新创造，这不仅是对自我经验的一种实践，更是对传统文化的一种改造。在传统的文化中适当加入新时代的理念和内容，可以增强传统文化的可观性和传承价值，为当代社会输出更有价值的历史文化信息。由此可见，图案作为服饰的一部分，作为历史遗产的一部分，在时代发展与社会进步的过程中，不断积累有价值的文化信息，并对糟粕进行抛弃，是传统服饰文化发展过程中的一种价值态度。这种价值态度不仅体现在对传统服饰图案的保留与革新上，更体现在如何将这些富含文化底蕴的元素融入现代生活，使之成为连接过去与未来的桥梁。随着科技的进步和全球化的加速，服饰图案的设计与传播方式日益多样化，为传统文化的传承与创新提供了无限可能。

当代设计师通过数字化手段，将传统服饰图案进行解构与重组，创造出既具有时代感又不失文化底蕴的新作品。例如，设计师郭培在 2019 年春夏巴黎高定大秀中的作品《东·宫》（见图 3-9），就是一次东西方文化完美交融的典范。郭培以旗鞋为灵感来源，将满族传统服饰中的元素融入高跟鞋的设计中，在保留了旗鞋独特韵味的同时，更赋予了高跟鞋新的表现形式。另外，郭培还对旗袍的样式进行了改版，并大面积运用了满族宫廷服饰中的黄色与龙纹图案要素，使作品在视觉上极具冲击力。在裁剪工艺上，该作品深刻体现了"中学为体，西学为用"的设计理念，将东方传统的基于面的图案延伸与西方注重的立体剪裁工艺相结合，使作品既符合当下国际时尚界的审美趋势，又彰显了中国传统文化的独特魅力。还需注意的是，郭培在设计中采用的西方塑造人体的立体与结构性方式，其实在中国历史上也有其渊源。在满族的发展过程中，金代妇女的襜裙会使用铁条来扩张裙摆，从而使裙子达到一种立体的视觉效果，这与西方服装设计中的"裙撑"有高度相似之处，揭示了东西方文化在服饰设计上的某些共通之处。这使得观众在欣赏作品时，能够更好地感受到设计的碰撞与融合。这些作品不仅在国际舞台上赢得了赞誉，使更多国外观众加强对中国传统文化的了解，同时还能够激发国内民众对传统文化的兴趣与自豪感，加强对自身文化的认同。传统服饰图案的现代化应用，也为文化产业的发展注入了新的活力。它促进了文化创意产业的繁荣，带动了相关产业链的发展，为传统文化的传承与保护提供了有力的经济支撑。因此，服饰图案作为传统文化的载体，其发展与创新对于推动社会进步、增强文化自信具有重要意义。

图 3-9　郭培《东·宫》

除了服装本身，现在的服装产品还涉及多个领域。通过结合现代信息技术、新兴文化和传统文化，往往能催生出一种全新的设计产物。这些产物不仅承载着旧时代的记忆与特点，更融入了新时代的技术手段与文化特征，能够为观众带来前所未有的感官体验。例如，满族传统服饰图案与二次元文化的结合，便产生出了一种新的形式——玩具衣物。其中，BGD 娃娃（Ball Joint Doll）的设计应用便是一个典型的例子。BGD 娃娃是一种关节可活动、身体部件可自由组装的玩具娃娃，可以自由更换衣物。这一特性为"微缩"型服饰市场带来了前所未有的发展机遇。现在，市面上已有不少知名娃社开始售卖国风娃娃。一些设计师将传统的满族旗装进行改良，既保留了满族服饰的经典图案元素，同时又使其更加符合现代审美与穿着需求。在颜色选择上，设计师还大胆采用了满族服饰中年轻女子常着的果绿色，同时搭配精致的刺绣、繁复的图案以及细腻的剪裁，体现了满族传统服饰中的繁复华丽之感。

在互联网技术与人工智能技术快速发展的背景下，各类融入了新技术与新概念的设计产物不断涌现，为人们的日常生活带来了前所未有的变化。特别是在传统文化的传承与应用方面，这些产物为我们提供了更多的发展机遇和途径，使文化传承不再局限于单一的渠道与形式，而是更加注重交互感与体验感。例如，《奇迹暖暖》在此前曾推出了清宫装系列，无论是款式、图案还是工艺都颇有考究（见图 3-10），通过游戏立绘的绘画表现形式，在一定程度上还原了满族服饰文化制式的特点，同时还融入了"金约""领约"等较为"冷门"的服饰结构，使玩家在体验游戏的同时，也能深入了解满族服饰图案的精髓。这种创新的呈现方式不仅让玩家在游戏中感受到了传统文化的魅力，更使新时代的年轻群体能够轻松接受并喜爱上这些传统文化元素。但必须承认的是，此类产品在受众群体上存在一定局限性，传播范围仅限于游戏玩家群体，而对于其他人群来说，吸引力显得相对不足。

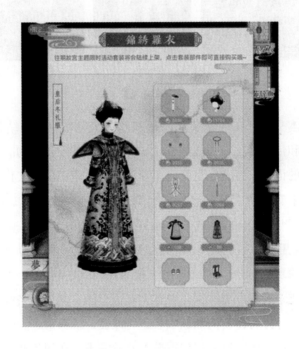

图 3-10 《奇迹暖暖》手游

除了服饰层面的传承与创新，平面设计领域同样展现出了与传统服饰图案结合的巨大潜力与发展空间。一些品牌方在进行广告设计、营销推广时，也有意识地采用了我国民族传统服饰中的图案元素，精心打造其 IP 属性。在此过程中，对于传统服饰图案元素的运用并非简单的堆砌或复制，而是经过了细致考量与提炼，力求在保留文化精髓的同时，赋予其新的时代意义与审美价值。在满族服饰这一领域，多数品牌在推出文创产品时常常会与故宫进行合作。许多品牌方基于清皇宫的场景设定并结合满族传统服饰的图案元素，推出了一系列联名款产品。例如，2019年，奥利奥品牌方携手故宫推出了《宫廷御点·中华六味》营销活动（见图3-11）。此次活动不仅推出了一款融合6种宫廷气质口味的奥利奥饼干，更在包装设计、广告宣传等方面下足了功夫（见图3-12）。品牌方以《雍正十二美人图》《春闺倦读图》为创作灵感，深入考究了画中人物的体态和服饰特点，特别是满族传统服饰中的植物纹样等图案元素。同时，品牌方采用当代插画绘制手法，将这些元素进行了图形化处理，以实现意象化还原与再现，使其更加符合现代审美需求，并成功延展至广告、包装等多种载体上。这一系列的文创营销活动，不仅展现了满族传统服饰图案的独特魅力与深厚底蕴，更为品牌方带来了显著的商业价值与社会效益。

图3-11 《宫廷御点·中华六味》插图

图3-12 《宫廷御点·中华六味》包装

2020年，值此紫禁城建成600周年之际，京东携手故宫推出了《宫迎好运来》项目，将传统文化与现代商业进行完美融合（见图3-13）。通过运用缠枝莲纹、如意云头等满族传统服饰中的经典纹样，显著提升了产品的文化底蕴和艺术美感。同年，故宫再次携手有礼有节品牌，共同发布了《宫里上新》年历，该年历中同样运用了大量与满族服饰相关的图案元素，使这份年历不仅是一份时间的记录，更是一种充满文化韵味的艺术品。此外，故宫自身也曾推出过《宫喜·龙凤呈祥》项目。该作品中运用了大量的满族服饰图案纹样与装饰，并借助插画和动画的形式表现出来，向观众充分展示了满族服饰图案的独特魅力。

图3-13　缠枝莲

满族服饰以其高度的完整性和独特性，在现代设计与营销中扮演着关键角色。特别是随着近年来一些爆火的清宫剧的播出，如《甄嬛传》《延禧攻略》等，使人们开始将目光投向满族传统服饰。现在，许多品牌在设计营销活动时，纷纷选择将皇帝、嫔妃等历史人物作为IP元素，以吸引消费者的目光。然而，在追求视觉效果的同时，我们应注意到当前设计中存在的视觉风格趋同性问题。为了突破这一局限，我们需要在表现形式上进行更多元化的探索，以展现满族服饰图案的丰富内涵。

随着时代发展，当代设计的表现形式正逐渐从二维向三维拓展，实现了从静态到动态的转变。例如，2.5D插画、C4D动态设计都是其中的典型代表，通过三维立体化的呈现方式，可以更加直观、生动地展现满族服饰图案的魅力，同时能为传统服饰图案的传承与发展提供了更为广阔的空间。以厦门风鱼动漫有限公司打造的卡通形象僵小鱼为例，其服饰设计巧妙融合清代官服的元素，展现浓厚的文化韵味。在整体设计过程中，公司首先确立了角色的三维动漫形象，随后推出了一系列视频作品，塑造了"僵小鱼"这一形象的人物性格特点，并在其中增添了一些小细节，使这一想象变得更加立体鲜明，受到了广大观众的喜爱。这种以 IP 形式进行文化传承与创新的设计策略，不仅增强了作品的延展性和可塑性，还使得传统服饰图案元素以更加生动、有趣的方式呈现给观众，更容易被认同且记住。

在当代社会，随着科技水平的快速发展，人工智能、虚拟现实（VR）等先进技术正逐渐改变着人们的生活方式。相较于传统的单一交互性设计，现在的人们更加倾向于借助虚拟设备和智能工具，对产品进行沉浸式体验，这可以为用户带来全新的互动感受。例如，人们可以利用 VR，通过穿戴头盔、手柄等设备完成一系列动作，在身临其境的体验中增强用户的交互性。而 AR 技术是将计算机生成的影像直接叠加到现实生活场景中，让用户能够在现实世界中与虚拟元素进行互动，进而打破虚拟与现实的界限，进一步增加了交互的趣味性和深度。以故宫推出的《清代皇帝服饰》App 为例，与以往只注重视觉效果传达的设计不同，这款 App 更加注重文化传达的准确性和深度。App 精选了故宫院藏的清代冠服、佩饰等藏品，通过高清图像和文字描述，展现了清代满族宫廷服饰制度。同时，该 App 还通过结构拆解、材质分析、工艺展示等方面，对皇帝服饰进行了全方位的还原和介绍。用户可以仔细观察服饰上的图案细节，并了解这些图案背后所蕴含的文化意义和历史故事。这不仅提高了用户对满族传统服饰图案的认知程度，也极大地增强了用户的参与感和沉浸感。因此，《清代皇帝服饰》不仅是一款展示服饰文化的工具，更是一个让用户深入了解、感受并传承传统文化的平台。

在满族传统服饰图案的传承与创新设计中，如果想要充分展现其中所蕴含的精神面貌与文化价值，必须深入挖掘这些服饰图案中的优秀元素，并将其作为产品设计的核心切入点。从满族服饰图案的发展过程看，其广泛吸收并融合了其他民族的优秀文化元素，进而不断衍生出具有民族特色又富有时代感的服饰图案，这为我们今天的设计提供了宝贵的经验和启示。从当代设计应用视角出发，一方面，我们可以借鉴满族服饰图案中的经典元素，如吉祥图案、动物纹样等，通过现代设计手法进行再创造，使其更符合当代审美需求；另一方面，我们可以尝试将满族服饰图案与现代服饰款式相结合，创造出既具有传统韵味又不失时尚感的服饰作品。

第一，水纹。水纹是满族传统服饰中的重要图案元素，其次设计选取满族宫廷服饰中的"海水江崖纹"，通过对其进行解构分析，将其中最具代表性的元素进行分解与加工，并利用现代设计思维，将这些元素进行重新组合。具体来说，山崖和海水纹样组合成了二方连续的图案形式，用于装饰服饰边角。在色彩运用上，主要遵循了满族传统服饰图案的蓝色调，象征着大海与天空，这不仅体现了满族人民开朗、豁达的性格特征，更赋予了图案以宁静与深远的意境。而黄色的点缀，则寓意着高贵与吉祥，为图案增添了活力。如图3-14、图3-15所示。

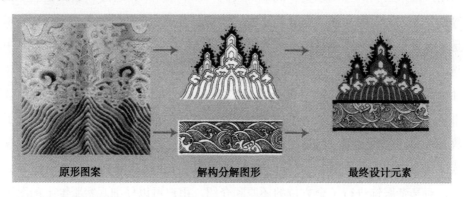

原形图案　　　　　解构分解图形　　　　　最终设计元素

图3-14　水纹设计过程

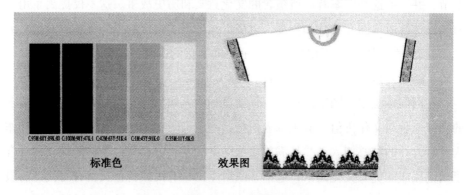

标准色　　　　　　　　　　效果图

图3-15　水纹效果

第二，云纹。云纹多见于清代中晚期服饰，通常以五彩祥云的形象出现，且主要作为动植物图案的点缀，其形态和颜色各异，寓意着吉祥如意与美好愿景。在对云纹进行创新设计时，同样采用了解构分解法，以云纹为基础，创造出了全新的图案形式。在整体灵感方面，主要来源于蝴蝶的形象，以展现出云纹的飘逸性。在云纹的细节处理方面，对云纹进行了变形设计，在保留云纹典型特征的同时又增添了其视觉冲击力。在色彩方面，为凸显云纹的简洁性与高雅性，主要选择了红、蓝为主色调进行搭配。红色表示激情，而蓝色代表豁达。这不仅提升了云纹的生动性和鲜明性，更传递出满族服饰的情感内涵。如图 3-16、图 3-17 所示。

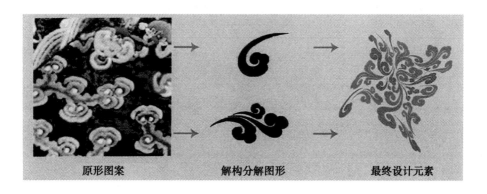

原形图案　　　　　解构分解图形　　　　　最终设计元素

图 3-16　云纹设计过程

C:69M:76Y:48K:7　C:66M:100Y:99K:17

标准色　　　　　效果图

图 3-17　云纹效果

第三，蝴蝶纹。蝴蝶纹通常见于满族旗袍的刺绣中，其设计以传统蝴蝶刺绣纹样为蓝本，将其元素进行了细致分解，并结合现代审美观念对其进行了二次拼接。在图形设计方面，主要以蝴蝶为表现对象，通过图案叠加手法，营造出一种层次感和立体感。在色彩运用方面，选择了红、黄、蓝这三种颜色进行搭配，红、蓝色表示的含义同云纹，而黄色象征光明与希望。通过三种颜色的巧妙结合，不仅能够提升图案的视觉冲击力，还更加符合当代人对时尚的审美需求。如图 3-18、图 3-19 所示。

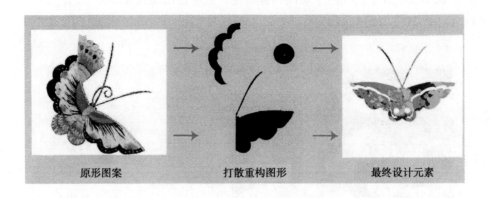

原形图案　　　　　打散重构图形　　　　　最终设计元素

图 3-18　蝴蝶纹设计过程

C:100K:90Y:51K:2　　C:0K:79Y:94K:0　　C:45K:0Y:95K:0

标准色　　　　　　效果图

图 3-19　蝴蝶纹效果

　　第四，牡丹纹。牡丹纹是满族传统服饰面料印花中的重要表现形式，寓意着富贵与吉祥，深受满族人民的喜爱。其设计采用了置换法，将现代人物图案与牡丹纹进行置换和结合，进而创造出一种兼具传统韵味和现代艺术感的图案。该图案以现代时尚美女为核心，同时融入牡丹纹中的牡丹花、花叶等原色。在色彩运用上，主要以靛蓝为主色，浅蓝为辅色，这种临近色的搭配方式能够增添图案的自然感与和谐感。此外，图案中适当融入了红色，这使整个图案在视觉上更加鲜明与生动。如图 3-20、图 3-21 所示。

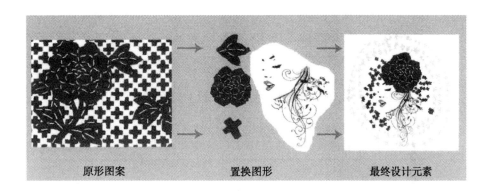

原形图案　　　　　置换图形　　　　　最终设计元素

图 3-20　牡丹纹设计过程

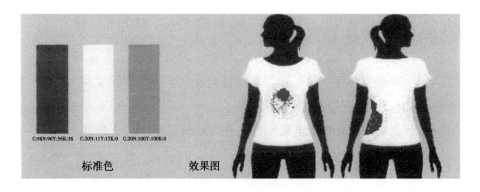

C:98N:96Y:56K:36　　C:20N:11Y:15K:0　　C:20N:100Y:100K:0

标准色　　　　　效果图

图 3-21　牡丹纹效果

参考文献

[1] 赵晓帆. 满语文与满族历史文化的诞生与发展探究——评《辽宁满语文和满族历史文化研究》[J]. 中国教育学刊, 2023 (06): 115.

[2] 李冰. 探寻满族文化史中的中国传统文化传承——评《满族文化史》[J]. 中国教育学刊, 2023 (05): 130.

[3] 李穆玲. 从满族历史嬗变演化看中华文化认同的重要作用 [J]. 满族研究, 2021 (03): 40-43.

[4] 于海峰, 何晓芳. 满族家谱: 改革女真旧俗融入中华的历史叙事 [J]. 黑龙江民族丛刊, 2022 (03): 80-86.

[5] 徐连栋. 从满汉文化交融看看清代满族统治的文化转变与冲突 [C] //延安市教育学会. 第五届创新教育与发展学术会议论文集（三）. 喀什大学马克思主义学院, 2023: 9.

[6] 张思妤. 抗战时期东北少数民族贡献研究 [D]. 吉林大学硕士学位论文, 2024.

[7] 郑舒匀. 满族服饰刺绣图案的美学研究——以氅衣图案为例 [J]. 西部皮革, 2024, 46 (01): 139-141.

[8] 徐永双. 满族传统服饰图案的艺术特征与文化内涵 [J]. 西部皮革, 2023, 45 (18): 143-145.

[9] 李雨亭, 王璐. 浅析满族旗袍的发展历史与创新 [J]. 西部皮革, 2023, 45 (14): 47-49.

[10] 尚姝贝. 明清服饰中衣领形制的文化内涵研究 [D]. 东北电力大学

硕士学位论文，2023.

　　[11] 田夕琼. 满族服饰图案元素在国潮服装中的创新研究［D］. 哈尔滨师范大学硕士学位论文，2023.

　　[12] 巴妍，马黎. 辽宁满族传统民族服饰图案虚拟数字化研究及思考［J］. 辽宁丝绸，2023（01）：28+67.

　　[13] 宋晓晨. 金代女真服饰图案研究［D］. 内蒙古科技大学硕士学位论文，2022.

　　[14] 赫英忆. 清代女子服饰设计中的装饰工艺——评《中国传统服饰：清代女子服装·首饰》［J］. 毛纺科技，2022，50（04）：119-120.

　　[15] 郝雪丽. 吉祥图案在满族服饰纹样中的应用与体现［J］. 化纤与纺织技术，2022，51（04）：154-156.

　　[16] 李洁. 满族服饰图案的文化寓意［J］. 棉纺织技术，2022，50（02）：90.

　　[17] 苗苗. 满族服饰图案的分类与文化内涵［J］. 纺织报告，2021，40（12）：107-108.

　　[18] 马媛媛. 满族旗袍服饰的发展流变［J］. 西部皮革，2021，43（22）：75-76.

　　[19] 杨鹤. 黑龙江流域少数民族服饰图案的应用［D］. 哈尔滨师范大学硕士学位论文，2021.

　　[20] 齐霞. 探析满族服饰图案文化的成因［J］. 大众文艺，2021（16）：33-34.

　　[21] 韩雨默. 满族服饰中的民族义化精神研究［J］. 内蒙古民族大学学报（社会科学版），2021，47（04）：56-62.

　　[22] 赵德馨. 满族服饰的装饰语言和传承创新设计研究［D］. 江南大学硕士学位论文，2021.

　　[23] 马媛媛. 论满族民俗文化的传承和保护［J］. 文化产业，2021（09）：56-57.

　　[24] 尹健康，王林，曾慧，等. 满族服饰的袖型结构研究［J］. 服装设计师，2020（01）：131-133.

［25］杨雪君，肖琦．演绎东方韵律美——传统服饰文化之旗袍［J］．大观（论坛），2019（06）：155-156.

［26］赵晨伊．满族服饰工艺与现代服装设计［J］．艺术品鉴，2018（20）：224-225.

［27］徐小珊．清朝满族服饰与洛可可服饰对比浅析［J］．西部皮革，2024，46（14）：27-29.

［28］徐晨瑜．清朝满族服饰文化特征研究［J］．西部皮革，2023，45（08）：45-47.

［29］宋佳佳．浅谈东北满族服饰的历史变迁［J］．西部皮革，2023，45（02）：130-132.

［30］田苏琦．清朝盟旗制度下蒙古族部落服饰形制演变及创新设计［D］．内蒙古工业大学硕士学位论文，2022.

后　记

　　文化是一个民族的精髓和灵魂，是驱动国家发展、引领民族振兴的重要精神支柱。特别是在全球化时代中，各国之间的交流日益频繁，决定一个国家形象和综合国力的已经不再仅局限于经济发展程度，而是文化软实力。在历史的长河中，中华文化历经无数风雨与沧桑，却始终坚韧不拔、生生不息，创造并积淀了数千年的文化与文明成果，并影响着世界的每一个角落，为世界文化多样性作出了重要贡献。随着中国综合国力的不断增强，为文化产业提供了前所未有的发展机遇。在政府的积极引导下，我国文化产业迅速崛起，并成为国民经济的支柱之一。各类文化产品与服务层出不穷，满足了人民群众日益增长的精神文化需求。

　　服饰文化作为中华民族传统文化的重要组成，具有十分悠久的发展历史，而图案是组成服饰的关键，且不同时期的服饰在图案上均有着不同的风格和特点。这些图案不仅是一种物质文明，更是中华民族智慧的集中体现，对当代社会产生了深远影响。而隐藏在这些图案背后的，是无数优秀元素与文化资源。作为文化传承的重要载体，服饰图案背后的文化意义远超过衣物本身，承载着中华民族共有的历史记忆与文化认同。在构成和识别民族共同体方面，少数民族服饰无疑是最为直观且明显的要素之一。看一个民族的服饰，就可以在一定程度上明确不同民族的历史文化特点。同时，这些民族服饰也是不同民族自我认同的物化标识。在中华五千年的发展历程中，不同少数民族在保持自身特性的基础上，共同创造了丰富多彩的中华民族服饰图案文化。当今世界，全球文化事业得到了蓬勃发展，我国也越来越重视文化输出和文化自信。在此背景下，满族服饰文化创意产业开始崭露头角。纵观满族起源和发展历程，满族的起源最早可以追溯至先秦时期，历经渤海国、金、清三代发展，满族逐渐形成了独具特色的服饰图案文化。与其他民族服饰相比，满族服饰的文化资源遗产在设计创新文化产品过程中展现出了更为多样的可能性。这不仅为满族服饰文化的传承与发展提供了广阔空间，也有助于推动中华民族文化的多样性发展。

在全球化的浪潮中，文化多样性面临着前所未有的挑战。从当前我国民族服饰的发展情况看，不容乐观。一方面，民族服饰的发展呈现出一种趋同趋势，这不仅体现在服饰设计的风格方面，更反映在服饰所承载的文化内涵与精神价值的淡化与流失上。另一方面，在信息时代，人们利用互联网就能接收来自全世界的各类信息，这种爆炸式增长的信息使得人们对传统民族服饰关注和了解的越来越少。部分年轻人甚至完全不熟悉自身民族的服饰，这为民族服饰的传承与发展带来了严重阻碍。因此，要想实现民族服饰的复兴，就必须从挖掘民族服饰的优秀元素入手。这些元素不仅是服饰设计的灵感源泉，更是民族文化的生动载体与民族精神的重要体现。我们应深入挖掘少数民族服饰背后蕴含的民族文化内涵及精神，真正理解其中的价值与意义，做到"文化自觉"。在此基础上，我们需要持有开阔的国际视野与敏锐的文化洞察力，明确自身在世界文化版图中的位置，进而将中国服饰文化中有价值的部分与现代社会相结合，使其在今天焕发出新的生机与活力。例如，现在我们看到的旗袍、坎肩等款式，都是在满族传统服饰的基础上发展和创新而来的。这些服饰不仅保留了满族服饰的独特风格与韵味，还融入了现代设计的元素与理念，因而受到了大众的喜爱。因此，提高文化影响力并不意味着一味迎合外国，而是需要保持自己民族的特点与尊严，将服饰文化这一重要的民族文化组成部分转变成承载民族认同与文化自信的重要载体。

深入探究满族服饰图案文化的发展历程，可以发现，这些图案文化既是某一民族独特的精神标识，也是全人类共同的宝贵财富，其植根于特定的历史土壤之中，承载着历史的记忆，遵循着自身的发展逻辑，并在民族精神的塑造中发挥着关键作用。文化的这种特性使民族文化不是中断的，而是连续的和稳定的。然而，这并不意味着文化是一成不变的。事实上，文化始终保持着流动与扩大的态势。在文化发展的过程中，文化会不断吸纳新的元素，摒弃陈旧的观念，以适应时代的发展和社会的变迁。因此，文化的发展实质是一个不断变革与进化的过程。如果文化一成不变，那将被视作文化的倒退。尤其是在 21 世纪的今天，不同文化间的交流与碰撞变得更加频繁和深入。在当今文化多元化的世界里，如何在保持文化自身独特性的同时，实现与其他文化的和谐共处，是各国需要解决的关键问题。对此，费孝通先生提出了"美美与共，和而不同"的理念，为解决这一问题提供了一种新的思路。该理念强调不同文化间应该相互尊重、相互欣赏，共同追求美的境界，同时保持各自的独特性，不强求一致，从而实现文化的多样性和共生共荣。尽管我国民族服饰文化产业发展起步相对较晚、发展速度相对较慢，但仍蕴含着丰富的传统服饰图案资源，这不仅承载着深厚的历史文化底蕴，更蕴含着无限的创新潜力。因此，我们需要深入挖掘和发现这些传统服饰的图案精髓，将其融入现代服饰的设计和生产中。通过这种方式，不仅能够推动民族服饰文化产业的繁荣发展，还能增添产品的文化内涵，为世界文化的发展提供更多力量。

近年来，我国服装设计领域取得了一定成果，文化产业也成为了国民经济的重要支柱。在此背景下，如何深入挖掘、有效保护并创新利用优秀传统文化元素，设计出既能彰显中国民族特色，又与世界发展趋势相契合的优秀民族作品，对于实现中华民族伟大复兴具有重要意义。为实现这一目标，我们必须深入挖掘中国民族服饰中的图案文化，并将其以现代的形式表现出来，这样创造出来的服饰才能够更好地获得现代人的认可。然而，需注意的是，由于没有与当代审美情趣和价值观进行与时俱进的创新和融合，导致我国许多民族文化遗产本身的文化符号意义正逐渐淡化甚至消失，这对于文化传承与发展造成了严重影响。因此，为了使民族文化在今天焕发出新的生机与活力，必须对文化遗产进行重新定义和创意转化。同时要意识到，文化创意产业是一个长期的过程，绝非一蹴而就的，这需要我们保持耐心与定力，不能将其视为一种政绩或形象工程而盲目推进。真正的文化创意产品应具备强烈的时代感和震撼力，同时融合民族性和多元性，这样的产品才能在激烈的市场竞争中脱颖而出，为民族服饰文化产业的发展注入新的活力。

笔者自 2013 年开始从事满族服饰研究，历经多年的不懈努力，走遍了我国 11 个满族自治县，对这些地区进行了深入的田野调查与文献研究，有幸拜访了数十位满族同胞及相关收藏家，并亲自走访了各级各类相关博物馆，亲眼见证了那些深藏于民间与宫廷之中的满族服饰文化资源遗产。在漫长的研究过程中，笔者深刻认识到，满族传统服饰发展的核心应在与深入挖掘、妥善保护、系统研究与大力弘扬其中的优秀文化元素，因此，我们必须深入了解满族传统服饰图案的艺术特征和文化内涵，结合这些内容对满族传统服饰进行创新和改进，在保留满族传统服饰特点的同时，增添一些更容易被现代人所接受的现代元素，以提高满族传统服饰的文化地位和影响力。在此基础上，可以构建一个以满族传统服饰为重点的自主知识产权，打造出具有鲜明民族特色的品牌，这也是增强其象征性和符号性的关键。同时，为了推动满族服饰文化创意产业的繁荣发展，还需要在政府层面加大资金投入与政策扶持力度，以此为满族传统服饰的发展提供更多支持。此外，可以与高新技术进行深度融合，并加强与高校及科研院所的合作，这样可以在满族传统服饰文化创意产业引入更为先进的科技手段与研发力量，为其发展注入新的动力，推动其在设计、生产、传播等环节上的创新与升级。

笔者投身于满族传统服饰图案的研究工作中，并致力于对满族服饰文化创意产品进行深入挖掘、保护、研发与设计。在此过程中，笔者深刻认识到，要想真正推动这一产业的发展，必须构建一个全面的文化产业发展模式。基于此，笔者认为，应通过政府、学者、民间艺人及非遗传承人、百姓、企业家与投资者五方面的共同参与协作，以形成一个良性互动的循环圈，更好地推动满族传统服饰的新发展。简单来说，第一，政府应负责政策制定与提供指导，同时带头搭建起一个可供各方交流与合作的平台，以此为满族服饰文化产业的发展提供坚实的政策保障。第二，学者承担着学术性挖掘的责任，通过深入研究满族服饰的历史、文化及艺术价值，为产业发展提供丰富的理论支撑和灵感素材。第三，民间艺人及非遗传承人则是满族传统服饰的重要保护者，能够延续并传承其精髓和魅力，为产业发展注入重要动力。第四，百姓作为文化传承的主体，只有当其真正了解并热爱自己的民族文化时，才能形成广泛的社会共识与文化认同，因此，必须加强民众对传统文化的学习和教育，以此培养百姓的文化自觉意识，更有效地参与到文化产业的继承和发展中来。第五，企业家与投资者的融入则能够为满族服饰文化产业的发展注入充足的资金支持。通过采取专业的市场化运作与品牌建设手段，能够将满族传统服饰文化转化为具有市场竞争力与商业价值的文化创意产品，以此带来巨大的经济利益，推动更多人参与到这一产业建设中来。

政府。无论是国内还是国外的文化产业，都离不开政府的支持和引导。特别是在中国，政府的作用更是不可或缺。在发展满族服饰文化产业时，政府需要提供大力支持，这对于推动产业发展至关重要。首先，在满族聚居的丹东、沈阳、吉林等地区，当地政府可以依托自身的文化资源与产业基础，建立满族服饰产业集群，通过区域品牌效应的打造，推动满族服饰文化的传承与创新。这不仅有助于提升满族服饰文化的知名度和影响力，还能促进当地经济的多元化发展，实现文化与经济的双赢。其次，政府应精心策划并推动满族服饰文化品牌项目的建设，包括服饰的复制生产、工艺品的制作等方面。在追求文化产品数量的同时，更要注重质量的提升。据相关统计数据显示，当前我国服饰文化产品中，重复、模仿、复制的比重高达90%左右，表明我国在产品创新方面存在显著不足。因此，政府应引导企业转变发展方式，提高文化产品的原创性和艺术性，推动文化产业实现跨越式发展，提高产品的质量。最后，政府可以建立一个满族服饰文化创意产业园区，除考虑到产业的带动效应外，还需重点关注其在文化传承、创新、传播等方面的影响力。通过构建完善的文化产业链，形成集创意、设计、生产、销售于一体的综合性文化产业体系，进一步提升满族传统服饰的国际影响力和知名度。

学者。文化是一个民族历史活动的沉积，不仅深刻地影响着国民对社会现象的态度和价值取向，更是一个民族的精神纽带，对人们的精神世界和行为方式产生着重要影响。现在，文化已经成为衡量一个国家综合国力的重要组成部分。满族传统服饰作为我国传统文化的关键内容，多数群众对于这一领域的了解相对较少，这对于其发展造成了一定阻碍。因此，在开展满族服饰文化创意产业的初期，学者占据着重要作用。首先，学者需要在现有文献资料和实地调查的基础上，深入挖掘并整合隐藏在满族服饰图案背后的艺术特征与文化内涵，并进行"文化自觉"研究，依托于满族服饰的文化资源，打造具有特色的满族服饰文化创意产品，并对其进行有效的社会推广与传播，以此提高产品的市场竞争力。因此，学者的工作不仅是对满族服饰文化的深入挖掘与整理，更是对文化产品进行创意设计与市场定位的关键。而在挖掘、保护、整理以及传承文化遗产的过程中，学者同样扮演着关键角色，其不仅是文化遗产的守护者与解读者，更是文化产业发展的核心驱动力。学者应深入挖掘那些隐藏在满族传统服饰背后的符号和元素，并作为文化产业的重要来源。特别是在当前越发强调文化自信的今天，通过学者的深入研究与阐释，能够为文化产业的创新发展提供坚实的理论基础与学术支撑，同时有助于重塑并找回属于中华民族的文化身份，使人们真正树立起文化自信和文化自觉。

民间艺人和非遗传承人。他们是民族文化的守护者与传承者。近年来，我国不断加强对这部分人群的支持，致力于为其提供一个良好的发展环境，使许多濒临失传的传统技艺重新焕发生机。但必须承认的是，要成为真正的文化大国和强国，我们还有很长的路要走。为此，我们需要继续深化相关工作，进一步完善政策体系与保障机制，为民间艺人与非遗传承人提供更多发展机遇与平台支持。

企业家、投资者。从前文可以看出，满族传统服饰中的图案和设计均是中华民族文化和审美追求的生动体现，是中华民族宝贵的文化遗产。然而，我们不能仅仅满足于对满族传统服饰的静态保护与传承，而应积极探索其在新时代背景下的可持续发展之路。近年来，我国经济水平快速发展，目前已经成为世界第二大经济体，但必须意识到的是，如果缺乏强大的民族精神作为支撑，则无法真正屹立于世界民族之林。因此，推动满族服饰文化产业的发展，不仅是对文化遗产的尊重与传承，更是民族精神重建与提升的重要途径。为了实现这一目标，必须构建起一个有序的产业链和成熟的商业模式，这离不开投资商和企业家的参与。当前，满族传统服饰的生产与制作大多停留在家庭作坊式的传统模式上，这种分散、低效的生产方式难以适应现代市场的需求。因此，在企业家和投资者的支持下，可以成立一个专门机构，将各地区的散户资源整合起来，以实现资源的最优化配置，并形成多元化的产品体系，提升产品的市场竞争力。在一个成熟的产业中，产品的多元化与差异化是提升竞争力的关键。通过整合各地的生产优势与特色资源，我们可以打造出更具特色的服饰产品，以满足不同消费者的多元化需求。除服装行业本身外，可以将满族传统服饰与其他传统文化艺术形式相结合，如满族剪纸、传统工艺等，以制作出凸显民族精神和文化的产品，为消费者提供多元化的文化体验。此外，为了更好地将这些产品推向市场，可以借助企业现有的运营机制与市场推广能力，将这些产品推向更广泛的消费者群体，同时加强品牌的建设，让满族传统服饰成为中华民族文化的名片。

百姓。百姓文化意识的觉醒对于实现文化强国战略具有重要意义。因为只有当百姓对文化重视起来，才能激发持续的购买力，进而推动文化产业的发展。因此，应针对不同群体，采取针对性的文化发展策略。对于成年人，应通过城市规划、建筑设计、公共空间布置等手段，打造一个充满民族、中国及地方特色的生活环境，让人们在耳濡目染中感受满族传统服饰的独特魅力。同时，可以充分利用各类宣传渠道，如电视、网络等，广泛开展相关教育和普及活动，进而提高人们对满族传统服饰的认同度。而对于未成年人，需要以学校为主要阵地，通过开设相关课程、组织文化活动等方式，让孩子从小接触并了解中国传统文化。家庭也需要承担起传承传统文化的责任，家长应在日常生活中潜移默化地向孩子传递热爱和尊重传统文化的观念和意识。如此，孩子在成长过程中自然会形成对传统文化元素的喜爱与偏好，为未来的文化消费奠定坚实基础。